乡村人才振兴培训系列教材

北方果树栽培与病虫害防治实用技术

BEIFANG GUOSHU ZAIPEI
YU BINGCHONGHAI FANGZHI SHIYONG JISHU

张彦玲　王　欣　张伟锋　主编

中国农业科学技术出版社

图书在版编目(CIP)数据

北方果树栽培与病虫害防治实用技术／张彦玲，王欣，张伟锋主编．--北京：中国农业科学技术出版社，2022.9
ISBN 978-7-5116-5866-1

Ⅰ.①北… Ⅱ.①张…②王…③张… Ⅲ.①果树园艺②果树-病虫害防治 Ⅳ.①S66②S436.6

中国版本图书馆CIP数据核字(2022)第144614号

责任编辑	姚　欢　施睿佳
责任校对	马广洋
责任印制	姜义伟　王思文

出 版 者	中国农业科学技术出版社
	北京市中关村南大街12号　邮编：100081
电　　话	(010) 82106631 (编辑室)　(010) 82109702 (发行部)
	(010) 82109709 (读者服务部)
网　　址	http://www.castp.cn
经 销 者	各地新华书店
印 刷 者	北京地大彩印有限公司
开　　本	140 mm×203 mm　1/32
印　　张	5.375
字　　数	140千字
版　　次	2022年9月第1版　2022年9月第1次印刷
定　　价	25.00元

◆━━ 版权所有·翻印必究 ━━◆

编委会

《北方果树栽培与病虫害防治实用技术》

主　编	张彦玲	王　欣	张伟锋
副主编	吕宏珍	姜铄松	刘丽红
	李伟伟	齐海霞	王宇锋
编　委	张亚军	孙其坤	张团委
	魏利娟	韩　英	刘　娟
	李玉华	张娜娜	隋　婧

前言

果树是农业生产中经济价值较高、用途广泛的园艺作物，与蔬菜、花卉同属园艺栽培范畴。果树栽培通过对果树实施栽培管理措施，生产出足够数量高质量果实或种子，包括建立果园、栽培管理一直到产品采收的全过程。果树栽培的目的是运用配套和规范的栽培手段，生产出优质、丰产、商品率高、低成本、高效益、符合市场需求的各类果品。随着果树栽培规模的不断扩大以及社会需求的不断变化，果树的生产条件和栽培技术也需要得到改善和提高。因此，果树栽培者不但要了解人们对果树品种的要求，还要掌握先进的栽培技术，以便生产出高产、优质，以及适于人们消费、加工要求的果品。

本书结合当前果树生产实际，在多年从事果树栽培生产实践的基础上，针对苹果树、梨树、山楂树、桃树、杏树、樱桃树、核桃树、板栗树、柿树、枣树 10 种北方常见的果树品种，分别从栽植技术、土肥水管理技术、整形修剪技术、花果管理技术、病虫害防治技术 5 个方面介绍了一整套果树栽培管理实用技术。本书在内容组织上紧密结合生产实际，突出针对性、适用性、通俗性和对现代农业新技术、新成果的应用，文字通俗易懂、贴近生产实际，旨在为读者提供最新的知识和技术，解决现代农业发展中遇到的实际问题。

本书适合于广大果农、果树种植专业人员、农技生产与推广人员阅读使用。

由于时间仓促,水平有限,书中难免存在不足之处,欢迎广大读者批评指正!

编 者

2022 年 6 月

目录

第一章　苹果树的栽培与病虫害防治技术……………………（1）
　第一节　栽植技术………………………………………………（1）
　第二节　土肥水管理技术………………………………………（6）
　第三节　整形修剪技术…………………………………………（13）
　第四节　花果管理技术…………………………………………（15）
　第五节　病虫害防治技术………………………………………（19）

第二章　梨树的栽培与病虫害防治技术…………………………（27）
　第一节　栽植技术………………………………………………（27）
　第二节　土肥水管理技术………………………………………（30）
　第三节　整形修剪技术…………………………………………（32）
　第四节　花果管理技术…………………………………………（36）
　第五节　病虫害防治技术………………………………………（43）

第三章　山楂树的栽培与病虫害防治技术………………………（51）
　第一节　栽植技术………………………………………………（51）
　第二节　土肥水管理技术………………………………………（53）
　第三节　整形修剪技术…………………………………………（55）
　第四节　花果管理技术…………………………………………（57）
　第五节　病虫害防治技术………………………………………（60）

第四章　桃树的栽培与病虫害防治技术…………………………（63）
　第一节　栽植技术………………………………………………（63）
　第二节　土肥水管理技术………………………………………（65）
　第三节　整形修剪技术…………………………………………（67）

第四节　花果管理技术 ………………………………… (68)
　　第五节　病虫害防治技术 ………………………………… (74)
第五章　杏树的栽培与病虫害防治技术 ……………………… (81)
　　第一节　建园及整形修剪技术 …………………………… (81)
　　第二节　花果管理技术 …………………………………… (82)
　　第三节　病虫害防治技术 ………………………………… (89)
第六章　樱桃树的栽培与病虫害防治技术 …………………… (93)
　　第一节　栽植技术 ………………………………………… (93)
　　第二节　土肥水管理技术 ………………………………… (95)
　　第三节　整形修剪技术 …………………………………… (99)
　　第四节　花果管理技术 …………………………………… (102)
　　第五节　病虫害防治技术 ………………………………… (105)
第七章　核桃树的栽培与病虫害防治技术 …………………… (113)
　　第一节　栽植技术 ………………………………………… (113)
　　第二节　土肥水管理技术 ………………………………… (114)
　　第三节　整形修剪技术 …………………………………… (116)
　　第四节　花果管理技术 …………………………………… (120)
　　第五节　病虫害防治技术 ………………………………… (122)
第八章　板栗树的栽培与病虫害防治技术 …………………… (125)
　　第一节　栽植技术 ………………………………………… (125)
　　第二节　土肥水管理技术 ………………………………… (126)
　　第三节　整形修剪技术 …………………………………… (127)
　　第四节　花果管理技术 …………………………………… (130)
　　第五节　病虫害防治技术 ………………………………… (132)
第九章　柿树的栽培与病虫害防治技术 ……………………… (135)
　　第一节　栽植技术 ………………………………………… (135)
　　第二节　土肥水管理技术 ………………………………… (136)

第三节　整形修剪技术…………………………（137）
　　第四节　花果管理技术…………………………（139）
　　第五节　病虫害防治技术………………………（140）
第十章　枣树的栽培与病虫害防治技术……………（145）
　　第一节　栽植技术………………………………（145）
　　第二节　土肥水管理技术………………………（148）
　　第三节　整形修剪技术…………………………（149）
　　第四节　花果管理技术…………………………（150）
　　第五节　病虫害防治技术………………………（151）
参考文献……………………………………………………（160）

第一章 苹果树的栽培与病虫害防治技术

第一节 栽植技术

一、栽前准备

(一) 标行定点

苹果树定植前,根据规划的栽植方式和株行距,进行测量,标定树行和定植点,按点栽植。平地果园,应按区测量,先在小区内按方形四角定4个基点及1个闭合的基线,以此基线为准,测定闭合在线内外的各个定植点。

山地和地形较复杂的坡地,按等高线测量,先顺坡自上而下接一条基准线,以行距在基准上的标准点,用水平仪逐点向左右测出等高线,坡陡处减行,坡缓处可加行,等高线上按株距标定定植点。

(二) 栽植穴 (沟) 准备

定植穴通常直径和深度都为 80～100cm。定植穴的准备,实际是果园土壤的局部改良,根据山区果农的实践经验,果园土壤条件越差,对定植穴的大小、质量要求应越高。密植建园多顺栽植行,挖深、宽各1m左右的栽植沟,对促进果树生长的效果比穴栽好,特别是有利于排水。平地挖穴常有积涝,效果不及挖沟。无论挖穴或挖沟,都应将表土与心土分开堆放,有机肥与表土混合后再行植树。

定植穴挖后,培穴、培沟时,可刨穴四周或沟两侧的土,使优质肥沃土集中于穴内并把穴(沟)的陡壁变成缓坡外延,以利根系扩展。尽量把耕作层的土回填到根际周围,并结合施入的有机肥,最好重点改良 20~40cm 幼树根系集中分布的土层,太深难以发挥肥效。

(三)苗木准备

良种壮苗是建立高标准果园的基础条件。自育或购入的苗木,均应于栽植前进行品种核对、登记、挂牌。发现差错应及时纠正,以免造成品种混杂和栽植混乱。还应进行苗木的质量检查与分级,合格的苗木应该具有根系完好、健壮、枝粗、节间短、芽子饱满、皮色光亮、无检疫病虫害等条件,并达到国家或部颁标准。

苗木栽种前再进行一次检查,剔除弱苗、病苗、杂苗、受冻苗、风干苗,剪除根蘖、断伤的枝、枯桩等,并喷一次 5°Bé(波美度)石硫合剂消毒。对远处运来稍有失水的苗木,应放在流动的清水里浸 4~24h 再栽。

(四)肥料准备

为了改良土壤,应将大量优质有机肥运到果园,可按每株 100~200kg、每亩(1 亩≈667m²,全书同)5~10t 的数量,分别堆放。

二、栽植时间

秋季落叶以后到春季萌芽以前栽植均可,实际生产上以春栽为主。

(一)早秋栽

北方果区,秋季多雨,在 9 月中旬至 10 月上旬栽植。抢墒带叶栽植是西北黄土高原果区的一条成功经验,由于栽时墒情好,根系恢复快,栽植成活率高。翌年,基本不缓苗,生长较旺。采用这种栽法必须就地育苗,就近栽植,多带土、不摘叶,趁雨前,随挖随栽,成活率更高。

(二) 秋栽

土壤结冻前栽植,栽后根系得到一定的恢复,翌春发芽早、新梢生长旺,成活率高。在冬季干冷地区,在灌透水后按倒苗干,埋土越冬,否则进行春栽。

(三) 春栽

春季土壤解冻后,树苗发芽前栽,虽然发芽晚,缓苗期长,但可减少秋栽的越冬伤害,保存率及成活率高。

三、栽植方法

(一) 栽植密度

苹果的栽植密度受品种砧木类型、树形、土壤、地势、气候条件和管理水平等因素的制约。栽植密度是影响果品质量的重要因素之一。苹果合理的栽植密度既要保证充分地利用土地资源,又要保证树体充分采光。在单位面积栽植株数一定的情况下,行距对光照的影响比株距大得多,生产上一般采用宽行密植,行距不少于3~4m,树体成型后,行间应有1m的直射光。随着社会的发展,市场对果品质量要求越来越高,苹果栽植密度也呈越来越小的趋势。

(二) 栽植方式

栽植方式决定果树群体及叶幕层在果园中的配置形式,对经济利用土地和田间管理有重要影响。在确定了栽植密度的前提下,可结合当地自然条件和果树的生物学特性来决定栽植方式。常用栽植方式有以下6种。

1. 长方形栽植

这是我国广泛运用的一种栽植方式。特点是行距大于株距，通风透光良好，便于机械管理和采收。

2. 正方形栽植

这种栽植方式的特点是株距和行距相等，通风透光良好、管理方便。若用于密植，树冠易郁闭，光照较差，间作不便，应用较少。

3. 三角形栽植

三角形栽植方式的特点是株距大于行距，两行植株之间互相错开而排成三角形，俗称"错窝子"或"梅花形"。这种方式可提高单位面积上的株数，比正方形多栽 11.6% 的植株。但是由于行距小，不便于管理和机械作业，应用较少。

4. 带状栽植

带状栽植即宽窄行栽植。带内由较窄行距的 2~4 行树组成，实行行距较小的长方形栽植。两带之间的宽行距（带距），为带内窄行距的 2~4 倍，具体宽度视通过机械的幅度及带间土地利用需要而定。带内较密，可增强果树群体的抗逆性（如防风、抗旱等）。如带距过宽，可能减少单位面积内的栽植株数。

5. 等高栽植

适用于坡地和修筑有梯田或撩壕的果园。实际是长方形栽植在坡地果园中的应用。

6. 篱壁式栽植

这种栽植方式最适宜机械作业和采收。由于行间较宽，足够机器在行间运行，株间较密，呈树篱状，也是适于机械化管理的长方形栽植形式。

(三) 栽植技术

将苗木放进挖好的栽植坑前，先将混好肥料的表土，填一半进坑内，堆成丘状，取计划栽植品种苗木放入坑内，使根系均匀舒展地分布于表土与肥料混堆的丘上，同时校正栽植的位置，使株行之间尽可能整齐对正，并使苗木主干保持垂直。然后，将另一半混肥的表土分层填入坑中，每填一层都要压实，并不时将苗木轻轻上下提动，使根系与土壤密接，再将心土填入坑内上层。在进行深耕并施用有机肥改土的果园，最终培土应高于原地面5～10cm，且根茎应高于培土面5cm，以保证松土踏实下陷后，根茎仍高于地面。最后在苗木树盘四周筑一环形土埂，并立即灌水。

四、栽后管理

栽后2～3年内的管理水平，对于园相整齐和早结果、早丰产非常重要。

（一）定干与树干套膜

幼树定植后，应按整形要求及时定干。定干高度一般为80～100cm，对萌发成枝力低的品种，定干时在剪口下10cm、20cm左右的东南、西南方向各刻一个芽，抠去剪口下第2芽，使第3芽在正北方向，这样当年可培育成3个理想的主枝。定干、刻芽后随即在树干上套上塑膜袋或缠以塑膜带绑草保护。目前生产中采用纺锤形整枝的苹果园，多不进行定干。

（二）追肥灌水与树盘覆盖

定植当年，发芽前要追施一次速效性氮肥（株施尿素或磷酸二铵50～100g）。追肥后立即浇水、整平，划锄树盘，每树盘覆盖$1m^2$地膜。5月底至6月初，用带尖的木棍，在离树干30cm左右处，于不同方位将地膜捅3～4个深10cm的洞，每洞内施入50g左右尿素或100g果树专用肥。然后用泥土把孔洞封住。追肥后，在地膜上再浇一次水，水随孔洞下渗。6月中下旬，用麦秸覆盖树盘。8月追一次肥，全年不揭地膜，秋天不再追肥、浇水。翌年早春，揭去残膜，将草翻入树盘，追肥、浇水，进行常规管理。

(三) 抹芽与疏梢

4月下旬，套袋的枝干发芽展叶后，要剪开塑料袋一角放风，以免嫩叶日灼，10天后，将塑膜袋顶部完全剪开，并开口到1/2处，向下翻卷到树干下部，原绑绳不解，喇叭口朝下，防止害虫上树为害。6—9月，每隔20天左右检查一遍新梢生长情况，调整方位、角度和长势，在尽量保留梢叶的前提下，适量疏除过密新梢。

(四) 补栽和间作

建园时应预留一部分苗木假植园内，翌春以此大苗补植，保证品种一致、大小整齐。间作以豆科作物为主，留出足够的树盘，不间作高秆作物，有水浇条件的果园提倡间种绿肥。

第二节　土肥水管理技术

一、土壤管理

目前果园采用的土壤管理措施主要包括深翻熟化、果园覆盖和果园生草等。

(一) 深翻熟化

果树根系在土层的深度，与果树生长结果有密切关系。支配根系分布深度的主要条件是土层厚度和理化性状。果园深翻可加深土壤耕作层，改善土壤中水、肥、气、热条件，为根系生长创造条件，使树体健壮、新梢长、叶色浓。

1. 深翻时期

果园一年四季均可进行深翻，但应根据果园具体情况与要求因地制宜地进行，并采用相适应的措施才会收到良好效果，一般在果实采收后至休眠前进行，在干旱无水浇条件的山区，也可在雨季进行。深翻结合秋施基肥进行，此时地上部生长较慢，养分开始积累，深翻后正值根系秋季生长高峰，伤口容易愈合，并可长出新根，如结合灌水，可使土粒与根系迅速密接，有利于根系生长，因此是果园深翻较好的时期。

2. 深翻深度

深翻深度以稍深于果树主要根系分布层为度，并应考虑土壤结构和土质状况。如山地土层薄，下部为半风化岩石，或滩地浅层有砾石层或黏土夹层，或土质较黏重等，深翻的深度一般要求达到 80~100cm。如与上述情况相反，或为平地砂质土土壤，且土层深厚，则可适当浅些。

3. 深翻方式

深翻方式较多，常用的有以下 3 种。

①深翻扩穴，俗称"放树窝子"，幼树定植数年后，再逐年向外深翻扩大栽植穴，直至株间全部翻遍为止，适合劳力较少的果园。每次深翻可结合施入优质有机肥料，因为每年都要破土、动根，对根系有一定的损伤，特别对松土与硬土界面附近的功能根损伤较大，最好在定植后 2~3 年内完成。

②隔行深翻，即隔一行翻一行，山地和平地果园因栽植方式不同，深翻方式也有差别。等高撩壕的坡地果园和里高外低的梯田果园，第一次先在下半行进行较浅的深翻施肥，下一次在上半行深翻把土压在下半行上，同时施有机肥料，这种深翻应与修整梯田等相结合；平地果园可实行隔行深翻，分两次完成，每次只伤一侧根系，对果树生长的影响较小。行间深翻便于机械化操作，回填时表土和心土各复原位。

③全园深翻，将栽植穴以外的土壤一次深翻完毕，这种方法

需要劳力较多，但翻后便于平整土地，有利果园耕作。

无论采用何种方法，深翻时都将表土与心土分放，回填时，施入杂草、秸秆，与心土混合填在下层，表土与有机肥混匀，填在20~60cm根系主要分布层。深翻后立即灌透水沉实，使根与土密接。深翻时不要伤直径1cm以上的粗根，尽量保护根系完整，遇根裸露时用细土覆盖，待翻过后再将其舒展。分次深翻时，沟与沟（或穴与穴）之间不留隔墙，防止形成死沟积水。低洼、排水不良的地段，深翻后底层最好铺埋碎石块，使形成暗道排水。对地下水位高的地段，翻土深度不宜超过雨季地下水上限，防止渗入地下水。

(二) 果园覆盖

1. 薄膜覆盖

一般在春季干旱、风大的3—4月进行，覆盖时可顺行覆盖或只在树盘下覆盖。树下覆膜能减少水分蒸发，提高根际土壤含水量；盆状覆膜具有良好的蓄水作用。覆膜提高土壤温度，有利于早春根系生理活性的提高，促进微生物活动，加速有机质分解，增加土壤肥力。覆膜还能明显提高幼树栽植成活率，促进新梢生长，有利于树冠迅速扩大；另外还有促进果实成熟和抑制杂草生长的作用。

2. 果园覆草

果园覆草是20世纪80年代初期应用于果园土壤管理的一项技术，目前在全国得到大面积推广。其主要作用有优化土壤环境、提高土壤肥力、抑制杂草生长、减少锄地用工、提高果品的产量和质量、减轻部分越冬害虫出土为害等。果园覆草一年四季均可，以夏季（5月）为好，旱薄地多在20cm土层温度达20℃时覆盖。麦糠、杂草、树叶、作物秸秆均可用于果园覆草。果园覆草的数量，局部覆草每亩1 000~1 500kg，全园覆草每亩

2 000~2 500kg。生产经验总结发现，全园覆草时不利于降水尽快渗入土壤，而降水以蒸发方式消耗较多，因此生产中提倡树盘覆草，其具体技术为：覆草前在两行树中间修筑40~50cm宽的畦埂或作业道，树畦内整平使近树干处略高，盖草时树干周围留出大约20cm的空隙，以便降水后使水沿树干和畦尽快渗入土壤；同时覆草前结合深翻或深锄浇水，株施氮肥0.2~0.5kg，以满足微生物分解有机物对氮肥的需要。覆草厚度为15~20cm，覆草后在草被上压点土，以防风刮和火灾。覆草时注意新鲜的覆盖物最好经过雨季初步腐烂后再用；覆草后不少害虫栖息草中，应注意向草上喷药，起到集中诱杀效果；秋季应清理树下落叶和病枝，防止早期落叶病、潜叶蛾、炭疽病等发生。另外，不少平原地区总结改进了果园覆草技术，即进行夏覆草、秋翻埋的树盘（树畦）覆草，每年5月进行，用草量为每亩1 500kg左右，厚度保持在5cm左右，盖至秋施基肥时翻入地下，此种方法具体技术同树盘覆草，可参考选择使用。

(三) 果园生草

果园生草是一种较为先进的果园土壤管理方法。

1. 生草方式

一是人工植草。果园行间种植长柔毛野豌豆、鼠尾草、黑麦、苜蓿等。二是自然生草。果园在管理中保留果树行间自然生一二年生杂草，清除多年生杂草、恶草；果树树干周围60cm的杂草要除掉。自然生草适宜我国大面积推广，是果园省力化管理的措施之一。

2. 生草管理

一是控草旺长。控制草的长势，杂草生长超过20cm时，适时进行刈割，刈割下来的草就地撒开或覆在树盘内。二是施肥养草。割草后，每亩撒施氮肥5kg，补充土壤表面氮含量，为微生物提供分解覆草所需的氮元素，微生物分解有机物变成腐殖质，腐殖质能够改变土壤环境，养壮果树根系。三是雨后或园地含水量大时避免园内踩踏。果园园地含水量大，踩踏后容易造成果园土壤板结、通透性差。

二、施肥管理

（一）施肥量

施肥量根据土壤肥力和产量水平确定。

农家肥按照"斤果斤肥"的比例施用，商品有机肥每亩施用300~500kg。

一般化肥按每生产100kg鲜果施入纯氮（N）0.6~1.0kg、磷（P_2O_5）0.24~0.4kg、钾（K_2O）为0.66~1.1kg。例如：产量为3 000kg的果园需要补充尿素45~75kg、过磷酸钙60~100kg和硫酸钾40~66kg。土壤中养分含量多的取下限，反之取上限。渤海湾苹果产区富磷贫钾，而黄土高原苹果产区富钾贫磷，施肥时应注意这些特点。

缓控释肥料和微生物肥料可参考同等养分含量基础上等量或80%以上施用。

硅钙钾镁肥施用量根据土壤酸化和元素缺乏程度每亩施用50~100kg，也可按每株1~3kg补充钙肥、镁肥和硅肥等单质肥料。

（二）施肥时间

基肥（包括有机肥料、部分氮磷钾速效肥料和硅钙钾镁肥等中微量元素肥料）以秋施为宜（落叶前1个月）。土壤追速效肥料时期包括萌芽前（3月中旬）、新梢旺长和幼果膨大期（6月中旬）、果实膨大期（7月中旬至8月下旬）和果实采收后（9月中旬至10月中下旬，结合基肥施入），具体施用时期和施用量根据树势确定。

(三) 施肥方式

施肥方式包括基肥和追肥，基肥以有机肥为主，追肥以速效性化肥为主，追肥包括土壤追肥和根外追肥。

1. 土壤施肥

施肥方法以沟施为主，在树冠投影范围内集中施用。距树干1m左右向外至树冠外缘，挖4~6条放射状沟（盛果期树），或沿树冠外缘挖环状沟（幼树），或沿行向条沟（矮砧宽行密植栽培园），化学肥料沟深15~20cm，有机肥料沟深30~50cm。山丘薄地果园可采用穴施，每株树4~6个穴，穴的直径和深度都为30~40cm。有机肥、化肥与土壤充分混合后施入沟（穴）内。施肥后要及时灌水。氮肥和钾肥的使用也可以结合降雨和浇水进行撒施。

2. 根外追肥

将肥料直接喷施在树体地上部枝叶上，可以弥补根系吸收的不足或作为应急措施。根外追肥不受新根数量和土壤理化特性等因素的干扰，直接进入枝叶中，有利于更快地改变树体营养状况；而且根外追肥后，养分的分配不受生长中心的限制，分配均衡，有利于树势的缓和及弱势部位的促壮。另外，根外追肥还常用于钙、锌、铁、硼等元素缺素症的矫正和水溶性肥料的施用。但根外喷肥不能代替根际追肥，二者各具特点，应互为补充。根外追肥后10~15天，叶片对肥料元素的反应最明显，可根据树体的生长结果状况和土壤施肥情况，适当进行根外追肥。根外追肥可依据农药和肥料性质，结合喷药混合喷施；肥料混合使用时注意可溶性肥料之间的相溶性；果实采收前20天之内禁止喷施。

三、水分管理

（一）灌水时期

在苹果萌芽期、幼果期（花后20天左右）、果实膨大期（7月中旬至8月下旬）、采收前及土壤封冻前进行灌水。采收前的灌水要适量，封冻前的灌水要透彻。

（二）灌溉方法

1. 小沟交替灌溉

在树冠投影处内两侧，沿行向各开一条深、宽各20cm左右的小沟，进行灌水。

2. 滴灌或微喷灌

顺行向铺设一条炭黑高压聚乙烯或聚氯乙烯滴管，直径10~15mm、滴头间距40~100cm，最好固定在第一道横向钢丝上，距地面20~30cm。灌管上装有流量稳定、有压力补偿装置、不易堵塞的滴头，流量1~10L/h，通常控制在2L/h左右。微喷灌流量可达20~240L/h，通常控制在100L/h左右。提倡逐步安装微喷灌。

3. 排水

有通畅的排水系统，确保汛期和地下水位过高的园地及时排水。

4. 水肥一体化

在果园滴灌或微喷灌系统上加装一套施肥装置即实现水肥一体化。按照"数量减半、多次少量、养分平衡"的原则注入肥料，一般为土壤施肥量的50%左右；肥料配比要考虑可溶性肥料之间的相溶性；固体肥料要求纯度高、无杂质，能快速充分溶解在灌溉水中。

第三节　整形修剪技术

一、常用树形

目前的苹果树常用树形有多种，如何选择适宜的树形，需要考虑诸多因素，如品种特性、砧穗组合、栽培管理水平等，同时栽培密度也是确定树形的重要依据。如以乔砧密植为主的栽培，定植密度2m×4m（83株/亩），应选择主干形；定植密度2.5m×4m（66株/亩），应选择细长纺锤形；定植密度3m×4m（55株/亩），应选择自由纺锤形；定植密度3m×5m（45株/亩）或4m×（4~5）m（33株/亩），应选择三主枝小冠开心形；定植密度4m×6m（28株/亩）或4m×6m（22株/亩），应选择四主枝"X"开心形。对稀植的三主枝邻近半圆形，原树体骨架已经固定，要对其主枝伸展长度及结果枝组进行改造与整合，对辅养枝进行处理，限定树高，以达到整形目的。

二、常用树形的整形方法

（一）主干形

1. 树体结构

干高80cm，有中央领导干，在主干上直接着生15~20个侧分枝，树高3.0~3.5m，枝的角度100°~120°，侧分枝长度1~1.2m，主干与主枝粗度保持1∶0.3的比例，冠径2.0m左右，树顶部成锐角。

2. 整形方法

1年生苗定植后，于90cm处定干，第二年冬春修剪时，除中央领导枝进行轻短截外，其余侧生分枝全部疏除，并修剪为马耳斜式。对当年全株发出的侧分枝，待9月下旬进行拉枝成120°角，使树形成伞状。第三年冬春修剪时，对中央领导枝头进行轻短截，并将剪口下第2、3竞争枝全部疏除，对超过1：0.3比例的枝也全部疏除，其余的枝进行缓放，形成伞状的垂帘式结果枝组，在拉枝时枝条发出的基部徒长枝要及时疏除，春季当新梢长到20cm时，对拉枝的侧分枝在主枝基部5cm处进行环割，抑制生长促进成花。对第三年新长出的侧分枝同样在秋季进行强拉枝，开张角度，翌年春季进行环割。第四年冬春修剪时，与第三年相同，但对一些结果枝组要进行整合复壮，保证中心干的绝对优势。第五年进行落头。

（二）细长纺锤形

1. 树体结构

干高80cm，树高3.5m，在主干上分布12~15个主枝，向四周延伸，无明显层次，主枝角度100°~110°，主枝长度1~1.2m，在主枝上配有中小型结果枝组，主干与主枝粗度保持1：0.4的比例，全树修长，树顶部成锐角，中央领导枝弯曲延伸，整个树冠成细长纺锤形。

2. 整形方法

1年生苗定植后，于90cm处定干，第二年冬春修剪时，用剪口第二芽作中央领导枝，并在1/3处短截，使中心干弯曲延伸，其余侧分枝全部疏除。对修剪后当年发出的枝条达到半木质化时拉枝开角。第三年冬春修剪时，第二年主干上发的枝条一律不剪，只进行缓放，对生长较旺，粗度较大，影响到中心干生长的枝条要疏除，利用竞争枝作头，其余竞争枝疏除。第四年冬春修剪时，同样选竞争枝作头，并轻短截，疏除竞争枝下面的1~2枝，留中庸枝。第五年冬春剪时，树体达到一定高度不再进行转主换头，使其自然缓放生长，待枝条结果压弯后及时进行更新，保证顶端优势。

(三) 自由纺锤形

1. 树体结构

干高80cm，树高3.0m，在主干上分布8~10个主枝，向四周延伸，无明显层次，主枝角度70°~80°，主枝长度1~1.5m，主枝上配有中、小结果枝组，主干与主枝粗度保持1∶0.5的比例，树冠丰满，通风透光良好，树体呈纺锤状。

2. 整形方法

1年生苗定植后，于90cm处定干，在萌芽后剥去剪口下第二芽，减少竞争枝。第二年冬春修剪时，中央领导枝在1/3处短截，其余侧分枝全部疏除。对修剪后发出的枝条达到半木质化时拉枝开角，第三年冬剪时，对第二年主干上发的枝进行定向选留，位于树冠"X"方向的枝条在1/3处短截，行间方向的枝不剪，进行缓放。位置不好、生长旺盛、粗大的枝疏除。第四年冬剪时中央领导干不短截，只疏除竞争枝，多选留的主枝也不再进行短截，严格控制主枝的数量、长度、角度，以培养下垂结果枝组为主、平斜结果枝组为辅。当树龄达到5年时，树体高度达到一定高度，基本成形，要进行落头，或将主头拉平，控制树高。

第四节　花果管理技术

一、授粉技术

授粉技术主要有昆虫授粉和人工辅助授粉。

(一) 昆虫授粉

1. 蜜蜂授粉

苹果园放蜂。在开花前3~5天，将蜂箱移入苹果园内。放蜂的数量大致如下：对于强壮的蜂群，每公顷果园 3~5 箱蜂，可增产 65%；对于弱蜂群，要适当增加蜂群的数量，每公顷果园增加至 15 箱蜂。天气正常、风和日丽时，大量蜜蜂出来活动，授粉效果很好，坐果率能达到 70% 以上，增产效果很明显。果园放蜂期间不能喷药，以免伤害蜜蜂及其他访花的昆虫。

2. **壁蜂授粉**

一般于苹果中心花开放前 7 天左右进园放蜂。将蜂茧放在放茧盒内，盒内平摊 1 层蜂茧，不可过满过挤，然后将放茧盒放在巢箱内的巢管上，露出 2~3cm。放茧盒一般长 20cm、宽 10cm、高 3cm，用硬纸制作，也可以用小药品包装盒代替，盒四周扎 2~3 个直径为 0.7cm 的小孔，以便出蜂。放蜂数量：盛果期苹果园每亩放蜂量按 200~300 头备足，初果期的幼龄果园及结果小年园，每亩放蜂量按 150~200 头备足。放蜂期间注意禁止喷洒任何农药，不能移动巢箱和巢管。

(二) 人工授粉

1. **人工点授**

以中心花开放 15% 左右时开始进行人工点授。将干燥的花粉装入干净的小玻璃瓶中，用带橡皮的铅笔或毛笔蘸取花粉，轻轻一点柱头即可，一次蘸粉可连续授粉 3~5 朵花，每个花序可授粉 1~2 朵。

2. **喷粉**

把采集好的花粉与滑石粉或淀粉按 1:(50~80) 的比例混匀，在盛花期进行大树喷粉。

3. **液体授粉**

将采集的花粉混合于白糖和尿素溶液中进行喷雾授粉。花粉液的配方是水 12.5L、白砂糖 25g、尿素 25g、花粉 25g，先将糖、尿素溶于少量水中，然后加入称量好的花粉，用纱布过滤，再加入足量水搅拌均匀。为提高效果，可在溶液中加少许豆浆，以增强花粉液的黏着性。为了提高花粉的活力和发芽力，还可在溶液中加入25g硼酸。花粉液随配随用，不能久放和隔夜。

二、疏花疏果

（一）花前复剪

在花芽萌动后至盛花前进行，一般壮树花枝和叶枝比为1∶3，弱树花枝和叶枝比为1∶4。

（二）疏花（蕾）

疏花疏蕾在铃铛花至盛花期进行，根据不同品种在15cm、20cm、20~25cm等不同距离留花序2~3个，红富士可大些，嘎啦可小些；每花序只保留1个中心花，边花全部疏除。

（三）疏（定）果

花后两周开始疏（定）果，30天内完成，一般只留中心单果，多留下垂果，少留或不留斜生果和直立果。生产中多采用间距法疏（定）果。

枝果比法：大型果品种每4~5个新梢留1个果，中型果品种3~4个新梢留1个果，小型果品种2~3个新梢留1个果。

间距法：留果间距为大型果品种20~30cm，中型果品种15~20cm，小型果品种15cm左右。

在试验成功的基础上，应积极稳步推广应用化学疏花疏果法。常用的化学药剂有硝基化合物、石硫合剂、萘乙酸、乙烯利等。

三、果实套袋

在运用果实套袋技术的同时，逐步扩大无袋栽培规模，降低物质和人工成本，提升果实品质和风味。

(一) 果袋选择

黄色和绿色品种选用单层透光纸袋，红色品种选用内袋为红色或外灰内黑的双层遮光纸袋。

(二) 套袋方法

谢花后30天左右开始，2周内完成。套袋前3天全园细致喷一遍杀虫杀菌剂。注意晴天套袋应在10时之前或16时以后进行。

(三) 摘袋方法

采前20~25天去除果袋，先摘除外袋，间隔5~7天再摘除内袋。摘袋最好选择阴天进行，或者避开午间日光最强时段，防止日灼。

四、果实增色

(一) 摘叶

需直射光着色的红色品种如红富士等，于摘袋后3~5天进行摘叶，先摘除果实附近5cm范围内影响果实光照的老叶、小叶、薄叶（保留叶柄）；3~5天后摘除果实周围10cm左右的遮光叶片。摘叶前剪除直立枝、徒长枝及密生枝，以改善光照条件。

(二) 转果

转果主要是为了使果实着色更加均匀。果实摘袋后，经5~6个晴天，果实阳面充分着色后，将果实旋转180°，使阴面转为阳面，几天后果面便可全面着色。

(三) 铺反光膜

铺反光膜主要是为了使果实萼洼部分及树冠中下部和树冠北部的果实能够充分受光着色。在果实着色期，顺行间方向修整树盘，在树盘的中外部覆盖银色反光膜，反光膜外缘与树冠外缘平齐，固定四周。每亩用反光膜 400m² 左右，注意保持膜上清洁。采果前，清理掉膜上杂物，小心揭起，洗后晾干，备下年再用。

第五节　病虫害防治技术

一、苹果树主要病害

（一）苹果树腐烂病

俗称"烂皮病"，是我国北方苹果树的重要病害。

1. 识别与诊断

腐烂病主要为害主干、主枝，也可为害侧枝、辅养枝及小枝，严重时还可侵害果实。主要症状特点：受害部位皮层腐烂，腐烂皮层有酒糟味，后期病斑表面散生小黑点（病菌子座），潮湿条件下小黑点上可冒出黄色丝状物（孢子角）。在枝干上，根据病斑发生特点分为溃疡型和枝枯型两种类型病斑。果实受害，多为果枝发病后扩展到果实上所致。病斑红褐色，圆形或不规则形，常有同心轮纹，边缘清晰，病组织软烂，略有酒糟味。

2. 防治方法

（1）加强栽培管理。增施有机肥料，及时灌水。瘠薄地可采取围绕树盘挖坑改土、控制留果量、注意排水等措施，以增强树势。防止冻害，及时有效地防治红蜘蛛、叶斑病等造成早期落叶的病虫害。

（2）清除菌源。及时刮除病皮，剪除病枝、死枝。剪病枝及刮病皮时，地面铺塑料膜收集，然后集中在园外销毁。剪锯下的大枝不要码放在果园内，不要用病枝做支棍或架篱笆，以免病菌传播。

（3）喷铲除剂。早春发芽前应全树喷布 3~5°Bé 石硫合剂，铲除表面黏附及潜伏于表层的病菌。

（4）刮治病斑。早春和晚秋及时刮除腐烂树皮，然后涂杀菌剂消灭残余病菌。可用氯溴异氰尿酸50%可溶粉剂20~50倍液等。

（5）桥接。过大病斑会影响上下养分的运输，可于春季选1年生壮枝作为接穗，在病斑上下边缘，进行多枝桥接，绑紧即可。

（二）苹果轮纹病

轮纹病是苹果枝干和不套袋果实的重要病害。

1. 识别与诊断

枝干发病，以皮孔为中心形成暗褐色、水渍状的小溃疡斑，圆形，直径3~20mm，稍隆起，呈瘤状，后失水坚硬，形成扁圆形、直径达1cm左右、青灰色瘤状物，边缘开裂翘起，多个病斑密集，形成主干大枝树皮粗糙，故又称"粗皮病"。斑上有稀疏的小黑点。果实受害初期以果点为中心出现浅褐色的圆形斑，后扩大变褐，呈深浅相间的同心轮纹状病斑，其外缘有明显的淡褐色水渍状圈，界线不清晰。病斑扩展引起果实腐烂。烂果有酸腐气味，有时渗出褐色黏液。

2. 防治方法

清除侵染源。早春3月下旬、晚秋，刮除粗皮，集中销毁，并全树喷布3°Bé石硫合剂。落花后10天至采收，定期喷药，每半个月至20天1次，注意药剂交替使用。可选用波尔多液、代森锰锌、溴菌腈、多菌灵、甲基硫菌灵等。

（三）苹果霉心病

苹果霉心病，又名心腐病。

1. 识别与诊断

主要为害苹果的果实。病果果心变褐腐烂，充满灰绿色或粉红色霉状物，从心室逐渐向外霉烂，果肉味苦。果面外观症状不明显，较难识别。幼果受害重的，早期脱落。近成熟果实受害偶尔果面发黄，果形不正，或者着色较早。

2. 防治方法

（1）加强栽培管理。增施有机肥，及时排涝，合理修剪使树体通风透光，增强树体抗病力。

（2）随时摘除病果，搜集落果，冬季剪去树上各种僵果、枯枝等，均有利于减少菌源。

（3）在初花期和落花后喷药1~2次。常用药剂：10%多抗霉素可湿性粉剂（宝丽安）1 000~2 000倍液、50%异菌脲可湿性粉剂1 500倍液、70%甲基硫菌灵可湿性粉剂1 000倍液、50%多菌灵可湿性粉剂1 000倍液等，可有效降低采收期的心腐果率。另外，生长期喷0.4%硝酸钙+0.3%硼砂或叶宝绿2号1 000倍液2~3次，也能降低采收期的心腐果率。

（4）生物防治。从苹果树萌动后开始，连喷4~5次枯草芽孢杆菌（苹果益微）1 000倍液，15~20天1次。

（四）苹果斑点落叶病

苹果斑点落叶病是新红星等元帅系苹果的主要病害之一，造成苹果早期落叶，引起树势衰弱，果品产量和质量降低，还容易在贮藏期感染其他病菌，造成腐烂。

1. 识别与诊断

主要为害苹果叶片，也可侵染果实。叶片染病初期出现褐色小圆点，其后逐渐扩大为红褐色、边缘紫褐色的病斑，病部中央常具一深色小点或同心轮纹。天气潮湿时，病部正反面均可长出墨绿色至黑色的霉状物，即病菌的分生孢子梗和分生孢子。夏、秋季高温高湿，病菌繁殖量大，发病周期缩短，秋梢部位叶片病斑迅速增多，一片病叶上常有10~20个病斑，多个病斑融合成不规则形大斑,叶片穿孔或破碎,生长停滞至枯焦脱落。叶柄、1年生枝和徒长枝上,出现褐色至灰褐色病斑,边缘有裂缝,影响叶片正常生长,常造成叶片扭曲和皱缩,病部焦枯,易被风吹断,残缺不全。幼果染病,果面出现 1~2mm 的小圆斑或锈斑,有红晕。病部有时呈灰褐色疮痂状斑块,病健交界处有龟裂,病斑不剥离,仅限于病果表皮,但有时皮下浅层果肉可呈干腐状木栓化。

2. **防治方法**

秋冬认真扫除落叶,剪除病枝,集中烧毁或深埋。发芽前喷 3~5°Bé 石硫合剂铲除病源。花后 10 天开始喷第一次药,以后视天气情况每隔 10~15 天喷 1 次,常用药剂有波尔多液、丙森锌、代森锰锌、多抗霉素、异菌脲等,注意不同类型药剂交替使用。

(五) **圆斑根腐病**

圆斑根腐病是土壤习居菌,称为镰刀菌的真菌引起的根部病害,主要在根部表现病状,也可以从地上部的一些不正常表现判断发病情况。

1. **识别与诊断**

一般地上部发病主要表现在生长的新梢和叶片上,严重时枝条和果实也表现症状。根据发病的轻重有叶缘焦枯、叶片萎蔫、叶片青干等类型。如发现上述症状,可用手推摇树干,有明显摇晃感,说明根系已经发病。病根的症状:首先在树上部发病明显的新梢、枝条或叶片集中处垂直投影范围内挖根,根腐病发病多从吸收根开始,染病的病根变褐枯死,并延及主根和侧根,在主、侧根上,常见发病的吸收根基部形成一个红褐色、腐烂的小圆斑,最后整段根变黑死亡。病根逐级蔓延,从吸收根开始发病,使支根、侧根、主根依次染病,并在各级根上出现大小不等的黑褐色圆形或近圆形病斑。病根也可因树势的强弱交替,反复产生愈伤组织并再生新根,病健组织交错,病根变得凹凸不平。

2. 防治方法

以增施有机肥、微生物肥料及农家肥,改良土壤,增强树势,提高树体抗病能力为重点,对病树及时治疗。

(1) 加强栽培管理。增施有机肥、微生物肥料及农家肥,合理施用氮、磷、钾肥,科学配合中微量元素肥料,提高土壤有机质含量,改良土壤,促进根系生长发育。深翻树盘,中耕除草,防止土壤板结,改善土壤不良状况。雨季及时排除果园积水,降低土壤湿度。保持科学结果量,保持树势健壮。

(2) 治疗病树。轻病树通过改良土壤即可促使树体恢复健壮,重病树需要辅助灌药治疗。治疗效果较好的药剂有77%硫酸铜钙(多宁)可湿性粉剂500~600倍液、50%克菌丹(美派安)可湿性粉剂500~600倍液、60%铜钙·多菌灵(统佳)可湿性粉剂500~600倍液、45%代森铵水剂500~600倍液、70%甲基硫菌灵可湿性粉剂或500g/L悬浮剂800~1 000倍液、500g/L多菌灵(统旺)悬浮剂600~800倍液等。

二、苹果树主要虫害

(一) 苹果红蜘蛛

苹果红蜘蛛又叫苹果全爪螨,属蛛形纲蜱螨目叶螨科,是世界性果树害螨。我国大部分苹果产区都有发生,尤以北方及沿海地区发生严重。

1. 识别与诊断

以若螨和成螨刺吸为害叶片为主。被害叶片初期出现灰白色斑点,后期叶片苍白,失去光合作用,严重时叶片表面布满螨蜕,远处看去呈现一片苍灰色,但不落叶。

2. 防治方法

(1) 化学防治。喷药关键时期在越冬卵孵化期(早熟品种开花初期）和第二代若螨发生期（苹果落花后）。常用药剂有20%四螨嗪悬浮剂2 000倍液、15%哒螨灵乳油2 000倍液、20%哒螨灵可湿性粉剂3 000倍液、5%噻螨酮乳油2 000倍液、20%三唑锡悬浮剂1 000倍液、1.8%阿维菌素乳油5 000倍液。

（2）保护天敌。苹果红蜘蛛的自然天敌很多，主要有深点食螨瓢虫、小黑花蝽、捕食螨等。通过合理施用化学农药，减少对这些天敌的伤害，可发挥天敌的控害作用。

（二）桃小食心虫

桃小食心虫简称"桃小"，鳞翅目蛀果蛾科。主要寄主有苹果、梨、山楂、桃、枣等果树。

1. 识别与诊断

以幼虫蛀食果实，多由果实胴部蛀入，在果肉中窜食后到达果心，在果外可看到"淌眼泪"（蛀入孔的胶质滴）、"猴头果"（被害果凹凸不平）等现象，切开虫果可看到"豆沙馅"（即果内红褐色虫粪）。

2. 防治方法

上年虫果率在5%以上的果园在越冬幼虫出土期地面施用辛硫磷1~2次，也可用二嗪磷、菊酯类等。卵果率1%~2%时树上喷药，可选用灭幼脲、杀螟硫磷、巴丹、菊酯类等，兼治螨类选用甲氰菊酯（灭扫利）、联苯菊酯（天王星）、氟氯氰菊酯（功夫）等。

（三）绣线菊蚜

绣线菊蚜属同翅目蚜虫科，又名苹果蚜、苹果黄蚜。寄主有苹果、梨、桃、李、杏、沙果、海棠、樱桃、山楂等果树。

1. 识别与诊断

若蚜和成蚜群集在新梢上和叶片背面为害，被害叶向背面横卷。发生严重时，新梢叶片全部卷缩，生长受到严重影响。虫口密度大时，还可为害果实。

2. 防治方法

应充分认识和利用天敌的自然控制作用，在正常气候下，没有药剂干扰，蚜虫不致成灾，发生量较大时，到6月上中旬麦田瓢虫向果园迁移，也可在短期内控制其为害，故应注意保护瓢虫、食蚜蝇、蚜茧蜂等天敌。如果单靠天敌不能控制为害，在5月上中旬，蚜虫发生量明显增加时，可用10%吡虫啉可湿性粉剂3 000~5 000倍液喷雾，效果明显，短时间内即可见效，击倒力很强；也可用啶虫脒、溴氰菊酯、抗蚜威等。

(四) 苹果瘤蚜

苹果瘤蚜又名苹果卷叶蚜，俗称"腻虫""油汗"，属同翅目蚜虫科。寄主植物主要有苹果、沙果、海棠等果树。

1. 识别与诊断

蚜虫主要为害新梢、嫩叶。被害叶片正面凸凹不平，光合功能降低。受害重的叶片从边缘向叶背纵卷，严重者呈绳状。被害重的新梢叶片全部卷缩，枝梢细弱，渐渐枯死，影响果实生长发育和着色。被害梢一般是局部发生，受害重的树全部新梢被卷。

2. 防治方法

防治苹果瘤蚜，应抓紧早期防治，即越冬卵全部孵化之后、叶片尚未被卷之前进行。最佳施药时期是果树发芽后半个月左右，一般在苹果开花前防治完毕。常用药剂有10%吡虫啉可湿性粉剂3 000倍液、3%啶虫脒乳油2 000倍液。

(五) 苹果绵蚜

苹果绵蚜又名白毛虫、血色蚜虫，属同翅目绵蚜科。

1. 识别与诊断

苹果绵蚜集中于剪锯口、病虫伤疤周围、主干、主枝裂皮缝、枝条叶柄基部和根部为害。虫体上覆盖棉絮状物，易于识别。被害枝条出现小肿瘤，肿瘤易破裂。有时果实萼洼、梗洼处也可受害，影响果品质量。根部受害后形成肿瘤，使根坏死，影响根的吸收功能。

2. 防治方法

（1）加强检疫。严禁从苹果绵蚜疫区调运苹果苗木和接穗，防止苹果绵蚜传入非疫区。如必须从疫区引种苗木或采集接穗时，须经检疫部门检疫后才准予运出。一旦从疫区带进有蚜苗木或接穗，要进行严格的灭蚜处理。如果灭蚜不彻底，要全部销毁。

（2）清除越冬虫源。在苹果树发芽前彻底清除根蘖。刮除枝干上的粗裂老皮，集中烧毁。在发现剪锯口和病虫伤疤处有绵蚜时，用40%氧乐果乳剂15倍液涂刷，可有效消灭在此越冬的蚜虫。

（3）化学防治。在苹果绵蚜发生严重的果园，在蚜虫从越冬场所向树冠上扩散时，及时往树上喷药。常用药剂有10%吡虫啉可湿性粉剂2 000倍液、2.5%扑虱蚜可湿性粉剂1 000倍液、5%啶虫脒可湿性粉剂2 000倍液。在幼树园，可将吡虫啉药土埋于树下，利用其内吸作用，杀死树上的蚜虫。

第二章 梨树的栽培与病虫害防治技术

第一节 栽植技术

一、品种的选择

梨树品种应根据气候、土壤、地理位置和交通条件选择。适地适树是选择品种的重要原则之一。白梨系统适宜在山东、河北大部、陕西关中与渭北、山西南部与山西东南部、新疆南部、甘肃及宁夏冷凉干燥区种植。秋子梨系统适宜在燕山、辽西、辽南冷凉半湿区、西北冷凉半湿区种植。沙梨系统适宜在江南高温湿润区、淮河以南长江流域各地种植。西洋梨系统适宜在辽宁南部及山东胶东温暖半湿区，晋中、秦岭北麓冷凉半湿区种植。梨树品种的选择必须以区域化、良种化为基础，以市场的消费需求为导向，以科技为支撑，以可持续发展为动力，立足当前，着眼未来，长短结合，选用市场欢迎和畅销的优良品种。具温暖气候优势的地区，可选择早、中熟品种，以应对淡季，增强市场竞争力。具有冷凉气候优势的地区，可选择耐贮运的优质中、晚熟品种，以延长供应期，满足消费者的需求。观光农业发达的地区，可根据观光旅游市场的淡、旺季需求，选择应时优质特色品种发展，满足观光采摘的需求。

二、定植准备

(一) 定植前准备

梨树定植前,根据栽植计划确定需要的苗木品种、数量。购苗应选择信誉好、品种质量有保障、正规的育苗单位或科研单位,购苗尽量在当地或就近,避免长途运输带来的损伤,还需对苗木进行检疫。梨树定植前核对、登记苗木,并对根系进行修剪,剪平伤口,去掉多余的分枝;将苗木在水中浸泡12~24h,使根系吸足水分后再进行栽植。苗木要保持无损伤,如有破皮应用塑料膜包扎。将浸过水或生根粉液的苗木沾上泥浆,立即栽植。苗木数量少时,浸根用水缸或水桶即可,大批量栽树往往没有足够的容器来浸泡梨苗,可以利用水泥池或在地面挖宽1m左右、长2~3m、深30cm的坑,坑里铺整块较厚的没有破洞的塑料膜,膜上再铺一层砖或瓦片,按量加入清水和生根剂,然后提前一天把梨苗浸入,次日拿出后沾上泥浆直接定植。

(二) 挖定植穴及回填

根据梨树果园规划设计的栽植方式和株行距,在地面上标定好定植点。挖定植坑时应以定植点为中心,挖成圆形或方形的定植坑,挖坑时将石头全部挖出,并用表土回填。挖坑时表土和底土要有规律地分开放置,并将坑底翻松。定植坑的长、宽、深均应在0.8~1.0m范围内。在土壤条件差的地方,定植穴也可提前挖出,秋栽夏挖,春栽秋挖,以使穴底层的土壤能得到充分熟化,有利于苗木根系的生长。定植坑回填时,先在坑底隔层填入有机物和表土,厚度各10cm,有机物可利用秸秆、杂草或落叶。将其余表土和有机肥及过磷酸钙或磷酸二铵混合后填入坑的中部,近地面时也填入表土,挖出来的表土不够时可从行间取表土,将挖出来的底土撒向行间摊平。施入充分腐熟的有机肥(人粪尿、圈肥、鸡粪、羊粪等）、过磷酸钙或磷酸二铵。回填时要逐层踩实，灌水使坑土沉实，防止浇水后下沉过多，影响苗木的生长。

三、定植时期

梨苗定植有春栽和秋栽。秋栽在梨树落叶期到土壤上冻前进行。一般在秋天雨水多、土壤墒情好、地温高的南方地区采用秋栽较多。秋栽有利于根系伤口愈合和促进新根生长。

四、授粉树配置

梨树品种绝大多数自花不实，在定植时必须配置适宜的授粉树。选择授粉树时，应注意以下4点。

（1）花期相同，与主栽品种亲和力强，且能产生大量有生活力的花粉。

（2）能充分适应当地的环境条件，与主栽品种同时进入结果期且寿命相近。

（3）能与主栽品种相互授粉，丰产性好、经济效益较高。

（4）成熟期与主栽品种相同或相近，或前后衔接。

五、栽植方法

栽树时按品种分布发放苗木。栽植前将回填沉实的定植穴底部堆成馒头形，踩实，一般距地面25cm左右，然后将苗木放于坑内正中央，舒展根系。扶正苗木，使其横竖成行，嫁接口朝向迎风面，随后填入取自周围的表土并轻轻提苗，以保证根系舒展并与土壤密接，然后用土封坑，踏实。栽植后在苗木四周修筑直径1m的树盘，随后灌大水，待水渗入后在树盘内盖地膜保墒，栽植深度以与苗木在苗圃时的深度相同为宜，嫁接口要高出地面。栽植不宜过深或过浅,过深不易缓苗,过浅不易成活。最后将多余的土做成畦埂或撒向行间。

第二节 土肥水管理技术

一、土壤管理

(一) 合理间作

梨园禁种高秆和藤蔓作物。新栽园可种矮秆经济作物,但也不能种得太近,以免影响果树正常生长和管理。

(二) 深翻改土

梨园进行深翻改土,增加土壤通透性,以利根系呼吸。时间是梨果采收后至落叶前为宜。深度30~40cm,并结合施入秸秆、杂草、落叶、有机肥等。

(三) 覆盖树盘

用秸秆杂草覆盖树盘,防止水土流失,抗旱保墒,增加土壤有机质含量。

二、科学施肥

(一) 新栽幼树

梨园在4月前不施肥。4—6月每半月进行一次浅施(不挖穴)薄肥(浓度低),比例为每桶水加适量人畜粪水、50g尿素,加100g过磷酸钙,搅均匀后每株树施4~5kg。6月后每隔一个月进行一次挖穴施肥。第一次距离苗干50cm,错开挖3个穴以后再逐渐错开外移。穴内施50~100g细过磷酸钙,然后每桶水加250g尿素,适量人畜粪(根据桶大小,适当增减)搅匀,每株树穴施一小勺,待穴稍干后覆土。切勿施于树干近处,避免伤嫩叶或根系。

（二）结果树

1. 萌芽前或开花前追肥

追施速效氮肥，亩用尿素10~15kg加过磷酸钙15~20kg，搭配适量人畜粪。解决梨树体内养分贮存不足和萌芽开花需要消耗较多养分的矛盾，促进萌发和新梢生长，减少落花落果。

2. 落花后追肥

梨树花后及时追施肥，可以促进新梢生长，叶色加深，减少落果，促进幼果膨大。坐果后，新梢开始大量生长，发生较多叶片，是一年中的生长高峰，需供给氮肥。根据土壤供肥力、梨树的大小和长势，亩用尿素20~25kg。

3. 幼果膨大期及花芽分化前期追肥

追肥应以速效肥料为主，注意氮、磷、钾肥的配合。使用优质氮、磷、钾复合肥。如以有机肥料作追肥，在使用时间上比施用化肥提前20~30天，且应以猪粪、鸡粪和兔粪等厩肥为主。

4. 采前追肥

梨果采摘之前施用。一般以每产100kg果，追施尿素0.5~1kg、过磷酸钙1~2kg、草木灰3~5kg为宜。幼树每株施尿素0.2~0.5kg。追肥方法一般采用放射状、条状、环状沟施或穴施，穴、沟深度10cm左右。施肥时结合灌水提高效果。

5. 秋施基肥

基肥是果树常年最基本的肥料，供应时期长、养分全。秋施基肥比冬施或春施效果都好。采果后秋高气爽，温度适宜，有利于肥料的分解利用。此时新根大量发生，光合作用旺盛，树体贮存营养水平高，有利于提高花芽的分化质量和枝芽的充实健壮，从而增强抗旱抗寒能力，使树体安全越冬。基肥以厩肥、人畜粪、秸秆、饼肥等加过磷酸钙施用。

6. 根外追肥

用 0.3%~0.5% 尿素或 0.2% 磷酸二氢钾溶液叶面喷雾。花期喷 0.2%~0.4% 的硼砂液。喷肥时间应在 9 时以前，17 时以后进行，以减慢蒸发速度，增加叶片吸收时间，减少肥害发生。

三、科学灌溉

水分影响梨树的生长、开花结果和果实品质。适宜的土壤水分有利梨树生长健壮，果实丰产，品质提高。

（一）灌水时间

（1）花前水：在 3 月下旬进行。

（2）花后水：在 4 月下旬或 5 月上中旬进行。

（3）果实膨大水：在 6—7 月进行。此阶段是果实迅速膨大期，也是梨树需水量最大的时期，此时往往天旱，要特别注意灌溉。

（4）采后补水：9 月下旬或 10 月上旬进行。

（二）及时排水

梨树虽较耐涝，但长期淹水会造成土壤缺氧，并产生有毒物质，容易发生烂根和早落叶，严重时枝条枯死。因此梨园应设置完善的排水系统，及时防洪排涝。

第三节　整形修剪技术

一、常用树形

梨树采用的树形与它的枝干生长特性有关系。我国梨树栽培区通常见到的树形有以下 3 种。

（一）多主干自然圆头形

这种树形在华北各地常见，其树冠结构为：主干比较高，没有中央领导干，在主干顶部有5~6个大主枝，向周围开展，各个主枝自然斜向伸展，在主枝的旁侧再形成二、三级枝条，整个树冠为稍下垂形。这种树形的特点是：主枝不分层，通风透光差，内膛容易秃光，树体虽然大，但有效结果面积比较小，结果的位置通常在树冠外围。

(二) 多主干开心形

由于这种树形的主干数量不同，又叫"三挺身"或"四挺身"。树冠结构为：主干比较矮，有主枝3~4个，斜立向外，斜开角度在30°~40°，这就构成树冠的骨干枝；在骨干枝上再向外生长二级侧枝，通常为水平向外错落伸展共有3~4层，就构成一个空心的半圆形。这种树形的特点是：通风透光好，内膛小枝不容易早枯，结果部位比较多，树冠结构紧凑，抗风力强；缺点是树冠成形晚，结果比较迟。

(三) 疏散分层形

这种树形通常在新建立的梨树果园采用。树冠结构为：主干低，有中央领导干，以干为轴，有主枝4~5层；第一层主枝3~4个，第二层2个，以上各1个；每层间距离，下层比较多，向上逐渐变小；在各主枝上再生长二、三级枝条。这种树形的特点是：树冠形成比较容易，结果比较早，能够通风透光和内外结果，整个树冠比较紧凑。但由于有些品种的枝条直立性很强，不容易整形。

二、不同年龄时期树的修剪

(一) 幼树和初结果期树修剪

幼树和初结果期树枝条直立生长，开张角度小，往往抱合生长，易产生"夹皮角"。因此，梨幼树和初结果期树修剪的主要任务是迅速扩大树冠，注意开张枝条角度、缓和极性和生长势，形成较多的短枝，达到早成形、早结果、早丰产的目的。

（1）促发长枝，培养骨架。在培养骨架时，要多短截。定干应尽量在饱满芽处进行短截，一般定干高度为80cm左右。距地面40cm以内萌发的枝芽可以抹除，余者保留，以利幼树快长。冬剪时中干延长枝剪留50~60cm，主枝延长枝剪留40~50cm，短于40cm的延长枝不剪，下年可转化成长枝。

（2）增加枝量，辅养树体。可通过轻剪少疏枝、刻芽、涂抹发枝素、环割、开张角度等措施，促使发枝，增加枝叶量，迅速壮大树冠。

（3）开张角度，缓和长势。由于多数梨树萌芽力强成枝力弱，通过拉、顶、坠、拿枝以及应用各种开角器开张枝梢角度后，缓和长势，极易形成较多短枝。加之，梨的短枝停止生长早，叶幕形成早，角度开张后，通风透光好，短枝顶芽极易成花芽，从而实现早期丰产。梨的枝条易形成"夹皮角"，脆且易劈裂，枝达到一定粗度后再开张角度会比较困难，因此，开张角度应及时进行。

（4）抑强扶弱，平衡树势。梨树干性强、先端优势强，容易出现上强下弱、同级别枝强弱不均、主从不分等问题。通过对中心干换头或使之弯曲生长，对强枝、角度小的枝采用加大开张角度、弱枝带头、多疏枝缓放少短截、环剥环割、多留果等方法，对弱枝采用相反的方法，抑强扶弱，平衡树势。通过改变枝的开张角度、回缩等方法，调整好主从关系。

（5）培养枝组，提高产量。梨树结果枝组的培养一般以先放后缩法为主。第一年长放不剪，第二年根据情况回缩到有分枝处，或第一、二年均长放不剪，等到第三年结果后再回缩到有分枝处。幼树至初结果期应多培养主枝两侧的中小型结果枝组，增加斜生结果枝组。

（6）清理乱枝，通风透光。由于前期轻剪缓放冠内枝条增多，内膛光照变差，结果部位外移。应通过逐年疏枝、回缩，处理辅养枝，清理乱枝，保持树冠通风透光，小枝健壮，达到优质丰产的目的。

(二) 盛果期树修剪

盛果期梨树修剪的主要任务是调节生长和结果之间的平衡关系，保持中庸健壮树势，维持树冠结构与枝组健壮，实现高产稳产。

（1）保持树势中庸健壮。梨树进入盛果期，树体骨架已基本形成，应保持中庸健壮状态，确保稳产优质。长势中庸树的树相指标是：树冠外围新梢长度30cm左右，比例约为10%，枝条健壮，花芽饱满紧实。保持枝组年轻化。枝组只有处于一种大小新旧交替、枝组内部动态变化状态，才能保证枝组的年轻化，使全树中庸健壮，丰产稳产。随着树冠的开张，背下、侧背下枝组应逐渐由多变少，背上、侧背上枝组应逐渐由少变多，应以中小枝组为主。培养或维持位置空间适宜的枝组，更新或疏除不适宜的枝组，使枝组分布合理，错落有序，结构紧凑，年轻健壮。

（2）保持树冠结构良好。盛果期树冠达到最大，枝叶茂密，无效光区增大，内膛结果差或不结果，甚至出现小枝枯死。因此要及时落头开心，疏除上部过多枝，解决上部光照问题。间疏外围密生枝，疏缩辅养枝，疏除影响光照的旺枝，改善内膛光照。疏缩裙枝下垂枝，使下部通风透光。回缩行间碰头枝，解决群体光照问题。全树保持结构良好，中庸健壮。

(三) 衰老期树修剪

当产量降至不足 15 000kg/hm² 时，对梨树进行更新复壮。每年更新 1~2 个大枝，3 年更新完毕，同时做好小枝的更新。梨树潜伏芽寿命长，当发现树势开始衰弱时，要及时在主、侧枝前端二三年生枝段部位，选择角度较小、长势比较健壮的背上枝，作为主、侧枝的延长枝头，把原延长枝头去除。如果树势已经严重衰弱，选择着生部位适宜的徒长枝，通过短截，促进生长，用于代替部分骨干枝。如果树势衰老到已无更新价值时，要及时进行全园更新。对衰老树的更新修剪，必须与增加肥水相结合，加强病虫害防治，减少花芽量，以恢复树势、稳定树冠和维持一定的产量。

第四节　花果管理技术

一、疏花芽

梨树的花芽容易辨认，冬剪时对大年树超前疏除花芽，可按树龄、树势和立地条件，因地制宜，疏除过多的花芽。

二、花前复剪

时间在萌动期到现蕾期，甚至到初花期。可按距离疏除密生和瘦、弱、小花芽，保留壮、胖、大花芽。复剪的顺序可根据品种发芽早晚、树龄大小、树势强弱、花量大小安排先后。一般是先剪老树和成龄树，后剪幼树和初结果树；先剪花量大的树，后剪花量小的树。对于生长势偏弱、花量过大的大年树，要做到因树定产，因枝定花，适当调整树体负担量。尤其在大年时，对衰弱树上的超长花枝、细弱花枝、过量花枝进行花前复剪，疏掉过多的花芽，有利于调节大小年结果和优质丰产。

三、破花剪、疏花蕾花序、疏花朵

(一) 破花剪

对花量过多的树，或各级主枝延长枝头附近和主侧枝基部等不需要挂果的部位，或者难以结出大果的下垂细弱枝等结果枝，应在花芽萌动后的现蕾期，从中部向上 1/3 处破花剪。疏花后这类枝条当年可继续形成花芽。

(二) 疏花蕾花序

冬季修剪偏轻导致花量过多时，在花蕾露出时，用手指轻轻弹压花蕾折断花梗，既可以起到疏花序的作用，又不至于损失叶面积。也可在花序伸出后用疏果剪剪去整个花序，宜早不宜晚。疏花序时应去弱留强，去小留大，去下留上，去密留稀，去腋（花芽）留顶（花芽）。疏花序一般按 20cm 左右的果间距保留 1 个花序，其余全部疏除的标准进行，但应根据品种果型大小来定。一般黄金、大果水晶、新高等大果型品种按 25～30cm 留 1 个花序，丰水、绿宝石等中果型品种按 20～25cm 留 1 个花序，注意保留花序下部的叶片和果台副梢，疏花序除了可以节省养分消耗外，还可以保留果台副梢，疏花序后果台长出的果台副梢当年形成花芽，能达到以花换花的目的，还能提高枝果比和叶果比，对提高果实品质和克服大小年结果有很好的作用。

(三) 疏花朵

疏完花序后应及时对留用的花序进行疏花蕾。时间从花序分离后即可进行，最好在开花前完成，最晚在盛花时完成。注意疏中心花，留边花 1～4 朵；疏花瓣小的花，留花瓣大的花；疏花瓣皱缩的，留花瓣平展的。

疏花蕾花序花朵的程度要根据花期气候进行，气候稳定的重疏，反之则轻疏或不疏；花量大、授粉条件好、坐果率高的果园重疏，反之则轻疏；老龄树重疏，初结果树轻疏；弱树、弱枝及内膛重疏，壮树、壮枝及树体上部轻疏；同一果枝上远位花重疏，距离枝组近的轻疏。

四、授粉

(一) 花期放蜂

花期放蜂有利于授粉受精，而且可明显改善梨树人工辅助授粉费工、费时的现状，提高生产效率和经济产量。近几年借助壁蜂的传粉活动来完成梨树授粉，一般于花前4~5天放蜂，其效果与人工授粉相当，而且简单方便，节省人工。蜜蜂的传粉效率和传粉效果优于壁蜂，从坐果后对花序疏果的角度考虑，可采用人工放蜂（蜜蜂授粉和壁蜂授粉）或人工授粉，其功效都相差不大，但是蜜蜂授粉比壁蜂授粉和人工授粉更有利于高产、稳产、优质。

(二) 人工辅助授粉

在授粉树配置不合理，花期遇到大风、低温、阴雨、霜冻等情况时，抓住晴天及时进行人工辅助授粉，是提高坐果率和抵御花期不良天气的一项抗灾措施。从初花期开始，选择晴好天气进行，梨花开放的当日和次日是梨树人工授粉最佳时机，开花5天以后授粉能力大大降低。一般一个梨树果园要求2~3天内完成授粉工作。授粉适宜气温为15~25℃，低于10℃授粉效果最差；大于30℃时，柱头枯焦，授粉无效。授粉时间可在8时至16时，但以9—10时最佳。授粉2h内如遇大雨，最好在雨后重授；3h后遇雨，可不重授。

(三) 人工点授

人工点授法是指开花时用铅笔的橡皮头、毛笔或棉签等蘸取花粉去点授。其优点是准确率高，选择性强，花粉用量少，效果最好；缺点是用工量大。授粉时把蘸有花粉的授粉器向花的柱头上轻轻擦一下即可，每蘸一次，一般可点授 5~10 朵花。按留果标准，每花序点授基部的第 3~4 朵边花即可。为降低授粉成本、便于分辨授粉与否，生产上一般要在花粉中加入 1~2 倍的粉红色石松子细粉末作为填充剂。

（四）机械喷授

机械喷授是将花粉和填充剂按 1 ：（20~50）的比例配好，搅拌均匀，采用电动授粉器授粉。机械喷授效率高，但花粉用量大，成本高，而且容易出现坐果过多的问题。主要适用于面积较大、劳力短缺的果园。如花期出现阴雨天气，低温寡照天气，可采用此法抓紧时间抢授，能最大限度地提高坐果率，减少果园损失。

（五）挂袋插枝及振花枝授粉

在授粉树较少或授粉树当年花少的年份，可从附近花量大的梨园剪取花枝。花期将花枝插入装水的方便袋，分挂在被授粉树上，并上下左右变换位置，借助蜜蜂等昆虫传播授粉，效果也很好。为了经济利用花枝，挂袋之前，可先把花枝绑在竹竿上，在树冠上振打，使花粉飞散，振后可插袋挂树再用。

（六）鸡毛掸子滚授法

事先做好或购买鸡毛掸子，先用酒精洗去毛上的油脂，晾干后绑在木棍上，当花朵大量开放时，先在授粉树行花多处反复滚蘸花粉，然后移至要授粉的主栽品种树上，上下内外滚授，最好能在 1~3 天内对每树滚授 2 次。此法功效高，适用于大面积密植梨园。

五、疏花疏果

（一）疏花

梨树开花顺序与苹果相反，边花先开，依次向内，中心花最后开。一般先开的花果实大。来不及疏蕾时可以进行疏花，以花序伸出到初花时为宜。在1个花序中应保留3~5朵花结果。在花量多、自然灾害少的情况下，对坐果率较高的品种疏花比疏果更为有利、易掌握，但有晚霜危害的地区以谢花后疏果较为稳妥。疏花的方法是留先开的边花，疏去中心花和畸形花，通常在1个花序中选留2~3序位的连花，梗长而粗，能长成大果且果形端正。疏花时，一般结合人工授粉受精一块进行。疏花的程度、方法与疏蕾相同，如果花前疏蕾工作做得好，此时仅人工授粉就比较省事了。

(二) 疏果

在现代梨树生产中，疏果是一项必不可少的技术措施。疏果的目的：一是为了当年生产的果个大，提高商品果率；二是为了克服大小年，保证翌年有足够的花芽，可以达到连年丰产、稳产。为兼顾节约营养并为生产留有余地，可早疏果，晚定果。一般在谢花后1周开始，并在谢花后2周内完成，为避免养分消耗，促进果实生长发育，疏果越早越好。早熟品种和花量过大的梨园，要适当提前疏果，两次套袋的绿皮梨，如黄金、水晶等，为了在花后10天套小袋，疏果不宜太迟。

梨为伞房花序，每个花序一般有5~7朵花，花序的花朵发育程度和开花时期不同，不同序位所坐的果实存在品质差异。疏果时每花序留1~2个果即可，一般选留第2~4序位的果为宜，因为第1序位果成熟早、糖度高，但果实小、果形扁，果柄也粗短；第5~7花序幼果小且果柄细长，晚熟、糖度低，增长潜力更小。疏果时要用疏果剪，按一定的果间距进行，应先上后下，先内后外，首先疏除病虫果和畸形果，保留果形端正、着生方位好的果，切忌贪多。目前大多采用按果实间距留果。品种间的果实大小不同，留果的距离也不相同。一般小型果间距15~20cm，中型和大型果间距为 20~30cm。

六、果实套袋

(一) 果袋的筛选

根据材料果袋可分为纸袋、塑料薄膜袋和液膜袋，生产上应用最多的是双层纸袋。绿皮梨套外黄内浅黄或外黄内白的双层袋，果皮颜色为黄绿色；套外黄内黑或外灰内黑的双层袋，果皮颜色为黄白色；套外灰中黑内无纺布的三层袋，果皮颜色为白色。褐皮梨以外黄内黑或外灰内黑的双层袋为佳，红皮梨可采用外黄内红的双层袋。

(二) 套袋前的准备

套袋前，要在果面上彻底喷洒杀菌、杀虫剂。可选用10%吡虫啉可湿性粉剂2 000倍液+70%甲基硫菌灵可湿性粉剂1 000倍液（或80%代森锰锌可湿性粉剂800倍液），不宜使用乳油类（氯氰菊酯、阿维菌素等）制剂，更不宜使用波尔多液、石硫合剂等农药，以免刺激幼果果面产生黑点和药锈，严重降低果实的商品价值。喷药的器械要选择好，最好选用雾化好的喷头，喷成细雾状均匀散布在果实表面，且压力不要过大，喷药时间不要太长，避免雨淋状喷雾，否则也易造成果面锈斑或发生药害。喷药后待药液干燥即可进行套袋，严禁药液未干套袋。喷药时若遇雨天或喷药后5天内没有完成套袋的，应补喷1次药剂再套袋。在套袋前1~2天进行"潮袋"，以避免干燥纸袋擦伤幼果果面和损伤果梗。用塑料盆或其他器皿盛水，将袋口向下浸入水中，水的深度不超过4cm，浸水12~24h。挤出多余的水，用塑料包严置于阴凉处，随用随取。套果时一次不要拿太多果袋，以免纸袋口风干而影响套袋操作。

(三) 套袋的时间

套袋时间因品种而异，套一次大袋的，一般在花后20~45

天完成。过早套袋易折伤果柄,影响果实的发育,但有研究认为套袋越早梨果实石细胞降低越多;过晚套袋则果皮转色较晚,果点大而突出。对一些绿皮梨品种如翠冠、黄金、新世纪等,为减轻锈斑的发生,可套两次袋,第一次在花后10~15天套单层蜡质小袋,其后再过30~40天套双层防水、防菌大袋。同一梨树园区套袋,应先套绿皮梨品种,再套褐皮梨品种。

(四)套袋的方法

套袋时,先将幼果上的花瓣、花萼等残留物除去,把手伸进袋中使袋体膨起,一手抓住果柄,一手托袋底,把幼果置于袋的中央,将袋口从两边向中部果柄处挤摺,再将铁丝卡反转90°,弯绕扎紧在果柄或果枝上。套完后,用手往上托袋底,使全袋膨起来,两底角的出水孔张开,幼果悬空在袋中。套袋顺序应先树上后树下、先内膛后外围。

七、果实采收

(一)采收期的确定

梨果实成熟程度一般可分为3种,即可采成熟度、食用成熟度和生理成熟度,要根据不同市场需要和产品用途来决定梨果在哪个成熟度进行采收。对于一株树来说,要分3~4次采摘,一般主枝先端的果实先成熟,中部的果实成熟期较为集中,基部的成熟最晚。

(1)果皮色泽。果实成熟过程中果皮色泽有明显的变化,未套袋果可以果皮色泽作为判断成熟度的指标,绿皮品种以果皮底色减退,褐皮品种由褐变黄为依据。在日本,许多梨园都采用成熟度比色板进行果实比色,以确定具体的采收期。但是,套袋的果实因果袋种类不同果皮色存在差异,应结合其他方法进行。

(2)果实可溶性固形物和果实硬度。可溶性固形物用手持测糖仪测定，果肉硬度用硬度计，可参照该品种原有的采收时硬度。比如鸭梨果实的硬度应在 $6.6 \sim 7.5 kg/cm^2$，可溶性固形物达到 11%。

（3）果实发育的天数。梨品种都有其固有的果实发育期，在同一栽培环境条件下，从开花到果实发育成熟所需的天数相对稳定（因地区稍有不同），应根据该品种的果实发育期并结合本地区特点确定其采收期。如中梨一号约 100 天、鄂梨二号约 106 天、翠冠 105~115 天、黄冠约 120 天、丰水约 125 天、鸭梨约 150 天、水晶梨约 165 天。

（4）种子发育程度。种子的发育程度是果实成熟度的一个重要参考指标，梨种子尖端变褐时可作为采收的参考，可结合果实发育天数、可溶性固形物和硬度等指标进行综合判断。

(二) 采收技术

目前梨果采收的主要方法是人工采摘，使用的工具有采果篮、采果袋、果筐或纸箱等。采果篮底及四周用泡沫软垫、软布或麻袋片铺好，防止扎、碰坏果面。树体高大时要用采果梯，不要攀枝拉果，以免拉伤果台，伤害树体。

第五节 病虫害防治技术

一、梨树主要病害

(一) 梨黑星病

梨黑星病又名疮痂病，在我国梨产区发生普遍，是梨树的一种主要病害。

1. 识别与诊断

黑星病可为害果实、果梗、叶片、叶柄、新梢和芽鳞等部位。梨树受害后，病部形成明显的黑色霉斑，这是该病的主要特征。

2. 防治方法

（1）秋冬季清除落叶落果，同时结合修剪，剪除病枝、病芽，集中烧毁或深埋。加强栽培管理，增施有机肥，增强树势，提高树体抗病能力。

（2）药剂防治。发芽前全园喷布 3~5°Bé 石硫合剂，以铲除树上的越冬菌源。5 月以后，根据梨树病情和降雨情况及时喷药。一般第一次喷药在 5 月中旬（病梢初现期），第二次在 6 月中旬，第三次在 6 月末至 7 月上旬，第四次在 8 月上旬。可选用的药剂有 1∶2∶200 波尔多液、50%多菌灵可湿性粉剂 800 倍液、50%甲基硫菌灵 800 倍液、40%氟硅唑乳油 8 000~10 000 倍液或 62.25%锰锌·腈菌唑可湿性粉剂 600 倍液等，注意交替用药。

（二）梨锈病

梨锈病又叫赤星病、羊胡子病等，主要发生于附近有圆柏栽培的梨园。

1. 识别与诊断

梨锈病主要为害叶片和新梢，严重时也能为害幼果。叶片受害时，在叶正面产生有光泽的橙黄色的病斑，病斑边缘淡黄色，中部橙黄色，表面密生橙黄色小粒点，天气潮湿时，其上溢出淡黄色黏液，干燥后，小粒点变为黑色，病斑变厚，叶正面稍凹陷，叶背面则隆起，此后从叶背隆起的病斑处长出淡黄色毛状物，这是识别本病的主要特征。新梢和幼果染病也同样产生毛状物，病斑以后凹陷，幼果脱落。新梢上的病斑处常发生龟裂，并易折断。

2. 防治方法

砍除梨园附近的圆柏，以断绝病菌来源，或于早春对圆柏喷

1~2次3~5°Bé石硫合剂，以减少或抑制病源。梨树上发现有锈病发生时，应在开花前、谢花末期和幼果期喷药保护。常用药剂有25%三唑酮可湿性粉剂1 500倍液、石灰倍量式波尔多液200倍液、30%碱式硫酸铜胶悬剂300~500倍液或80%代森锰锌可湿性粉剂800倍液等。

（三）梨黑斑病

1. 识别与诊断

梨黑斑病主要为害果实、叶片及新梢。幼嫩的叶片最早发病，开始出现小黑斑，近圆形或不整形，后逐渐扩大，潮湿时出现黑色霉层，即为病菌的分生孢子梗及分生孢子。叶片上病斑多时合并为不规则的大斑，引起早期落叶。幼果受害，在果面上产生漆黑色圆形病斑，病斑逐渐扩大凹陷，并长出黑霉。以后病斑处龟裂，裂缝可深达果心，有时裂口纵横交错，并在裂缝内产生黑霉，病果易脱落。新梢受害，病斑早期黑色、椭圆形或梭形，以后病斑干枯凹陷，淡褐色，龟裂翘起。

2. 防治方法

清除枯枝、落叶、病果，并结合冬剪，剪除有病枝梢，集中烧毁，加强栽培管理。增施有机肥，防止梨树坐果太多，同时避免偏施氮肥、枝梢徒长及园内积水。果实套袋保护，早期发现病叶、病果及时摘除。喷药保护，发芽前喷5°Bé石硫合剂与0.3%五氯酚钠混合液。套袋前必须喷药，可选用50%多菌灵可湿性粉剂600倍液、7.5%百菌清可湿性粉剂800倍液等。

（四）梨干枯病

1. 识别与诊断

苗木受害时，在茎基部表面产生椭圆形、梭形或不规则形状的红褐色水渍状病斑。病斑逐渐凹陷，病健交界处产生裂缝，并在病斑表面密生黑色小粒点，即病菌的分生孢子器。病斑围茎

1/2 以上时，上部逐渐枯死，刮风时易折断。

2. 防治方法

选择健壮苗木定植，加强栽后管理，促使苗壮而不疯长。加强结果树肥水管理，结果适量，壮树抗病。新栽幼树在病斑上用刀深刻至木质部，涂抹 1.8% 辛菌胺醋酸盐水剂 100 倍液、腐殖酸铜 10 倍液。入冬前涂波尔多液保护。

（五）梨白粉病

梨白粉病除为害梨外，还可为害核桃、板栗、柿子等。

1. 识别与诊断

主要发生于老叶。初在叶背面产生白色粉状霉斑，严重时布满叶片，相应的叶正面形成近圆形黄色病斑。后期在霉斑上产生黄褐色至黑色的小粒点，即病菌的闭囊壳。病害严重时可造成早期落叶。有时也能为害嫩梢，病梢表面覆盖白粉。

2. 防治方法

结合冬季修剪，剪除病枝、病芽和病梢，连同园内落叶集中烧毁或深埋。梨树发芽前喷 3~5°Bé 石硫合剂，铲除越冬病源。加强栽培管理，合理密植，增施有机肥，避免偏施氮肥，疏除过密枝条。发病初期开始喷药，药剂可选用：嘧啶核苷类抗菌素、腈菌唑、甲基硫菌灵、三唑酮等。

二、梨树主要虫害

（一）梨大食心虫

梨大食心虫属鳞翅目螟蛾科，简称"梨大"，俗称"吊死鬼"。

1. 识别与诊断

梨大食心虫主要为害梨果和梨芽。越冬幼虫从花芽基部蛀入，直达花轴髓部，虫孔外有以丝缀连的细小虫粪，被害芽干瘪。越冬后的幼虫转芽为害，芽基留有蛀孔，鳞片被虫丝缀连不易脱落，可以此识别。花序分离期为害花序，被害严重时，整个花序全部凋萎。幼果被害干缩变黑，果柄被虫丝缠于果台，悬挂在枝上，经久不落，故称为"吊死鬼"。

2. 防治方法

（1）冬季修剪时剪除被害芽。鳞片脱落期用木棍敲打梨枝，鳞片振而不落的即为被害芽，应及时掰去。5月中旬以前彻底摘除虫果。由于幼虫转果时间不整齐，应连续摘虫果2~3次，并在成虫羽化以前全部摘完。

（2）药剂防治。越冬幼虫出蛰转芽期，施用20%氰戊菊酯乳油2 500倍液或2.5%高效氯氟氰菊酯（功夫）乳油4 000倍液，此期是全年药剂防治的关键时期；在转果期可喷布2.5%溴氰菊酯悬浮剂2 500倍液，此次喷药，防治效果不如转芽期高，只是弥补转芽期防治的不足，如转芽期防治得好，这时可不必再施药。在第二代成虫产卵期，必要时可喷布菊酯类杀虫剂防治。

（二）梨小食心虫

梨小食心虫简称"梨小"，属鳞翅目小卷叶蛾科。

1. 识别与诊断

梨小食心虫主要为害梨树、桃树、苹果树，桃树和梨树混栽的梨园受害较重。前期为害桃树、杏树、李树的嫩梢，多从新梢顶部第2、3片叶的叶柄基部蛀入，在髓部向下蛀食，被害梢端部凋萎、下垂，受害部流出胶液。后期蛀食果实，多从梗洼或萼洼蛀入，入果孔周围变黑腐烂，呈"黑膏药"状，内有虫粪，蛀道直达果心，果形不变。

2. 防治方法

建园时，尽量避免将桃树和梨树混栽，以杜绝梨小食心虫交替为害。做好清园工作。在冬季或早春刮掉树上的老皮，集中烧毁，消灭隐藏的越冬幼虫。秋季越冬幼虫脱果前，可在树枝、树干上绑草把，诱集越冬幼虫，于来年春季出蛰前取下草把烧毁。果园内设置黑光灯或挂糖醋罐诱杀成虫，糖醋液的配方是红糖5份、酒5份、醋20份、水80份，用性诱捕器和农药诱杀。一般每亩地挂15个性诱捕器，虫口密度高时，要先喷一遍长效杀虫剂然后再挂。药剂防治，在成虫高峰期及时用药，药剂可用5%阿维菌素乳油5 000倍液或25%哒螨灵乳油3 000倍液等。

(三) 梨黄粉蚜

梨黄粉蚜属同翅目根瘤蚜科，又名"黄粉虫"，俗名"膏药顶""黑屁股"等，寄主只有梨。

1. 识别与诊断

梨黄粉蚜成虫、若虫常群集在果实的萼洼部位刺吸汁液，被害部不久变为褐色或黑色，故称为"膏药顶"。果面上虫量大时，能看到一堆的黄粉。也可为害新梢。

2. 防治方法

早春认真刮除树体上的粗皮、翘皮及附属物，以清除越冬虫卵；梨树发芽前，树体喷布5%柴油乳剂或3~5°Bé 石硫合剂杀灭虫卵。花前及麦收前后，喷0.2°Bé 石硫合剂，并添加0.3%洗衣粉，以增加黏着性。套袋果应切实做好套袋前的药剂防治。对于非套袋果，梨黄粉蚜害果期喷药的重点是果实的萼洼处。可选用10%吡虫啉可湿性粉剂8 000~10 000倍液或1.8%阿维菌素乳油5 000倍液等。

(四) 梨二叉蚜

梨二叉蚜又称梨蚜、卷叶蚜，属同翅目蚜虫科。

1. 识别与诊断

梨二叉蚜成虫常群集在芽、叶、嫩梢和茎上吸食汁液，以枝梢顶端的嫩叶受害最重。受害叶片不能伸展，由两侧向正面纵卷成筒状，影响光合作用，并引起早期脱落，影响花芽分化与产量，削弱树势。

2. 防治方法

在发生数量不大的情况下，摘除被害卷叶，集中处理消灭蚜虫。梨花芽膨大露绿至开裂以前，至少在卷叶以前是防治的关键时期，卷叶后施药效果很差。可喷洒 10% 吡虫啉可湿性粉剂 5 000 倍液、2.5% 溴氰菊酯 2 500 倍液、20% 氰戊菊酯 2 500 倍液、3% 啶虫脒乳油 2 000 倍液等。保护和引放天敌，例如瓢虫、草蛉、食蚜蝇等。

(五) 梨木虱

梨木虱属同翅目木虱科。

1. 识别与诊断

梨木虱成虫、若虫多集中于新梢、叶柄为害，夏秋多在叶背取食。若虫在叶片上分泌大量黏液，这些黏液可将相邻两张叶片黏合在一起，若虫则隐藏在中间为害，并可诱发煤烟病等。若虫大量发生时，大部分钻到蚜虫及瘿螨造成的卷叶内为害，为害严重时，全叶变成褐色，引起早期落叶。

2. 防治方法

冬季刮除枝干粗皮，清扫落叶，消灭越冬成虫。3 月中旬越冬成虫出蛰盛期喷药，可选用 1.8% 阿维菌素乳油 2 000~3 000 倍液。在第一代若虫发生期（约谢花 3/4 时），第二代卵孵化盛期（5 月中下旬）可选用的药剂有 10% 吡虫啉可湿性粉剂 3 000 倍液、1.8% 阿维菌素乳油 3 000 倍液等。

(六) 茶翅蝽

茶翅蝽俗称"臭大姐"，属半翅目蝽科。分布较广，可为害梨、苹果、桃、李、杏等多种果树及多种农作物和蔬菜。

1. 识别与诊断

以成虫和若虫为害叶片、嫩梢和果实，刺吸它们的汁液。正在生长的果实被害后，形成凹凸不平的畸形果，俗称"疙瘩梨"，受害处变硬味苦，对果实外观、内在质量影响很大。

2. 防治方法

人工防治：成虫寻找越冬场所期进行捕捉，实行果实套袋。化学防治：以若虫期进行药剂防治效果好，可选用敌百虫、敌敌畏、菊酯类等进行树上喷雾。

第三章 山楂树的栽培与病虫害防治技术

第一节 栽植技术

一、园地选择

山楂园一般应选择有一定土层厚度、光照充足、有水浇条件、土壤 pH 值不超过 7.5 的山丘坡地或平地。沿海盐碱土和部分砂姜黑土，不宜栽植山楂。

山丘地区建园，第一要注意坡度，一般超过 25°的坡地不宜栽植山楂。为充分利用荒山，在超过 25°的山坡栽植山楂，必须整好梯田，客土栽植。第二要注意坡向，山楂栽植以北坡及东北坡较好，因北坡和东北坡土层一般较厚，又较湿润，在同样干旱条件下，比阳坡、西南坡旱情较轻。第三要注意土层厚度，土层厚度一般不小于 60cm，否则必须深翻或客土加厚土层，增强其保肥保水能力。第四要注意不要重茬、重穴栽植，若重茬栽植，必须经深翻换土、轮作或休闲、增施肥料等植前土壤处理，以消除连作障碍。

平地建园，应选择土壤肥沃、土层深厚、有水浇条件、光照充足的地方。利用河滩沙地建园，必须抽沙换土，多施有机土杂肥料，防止漏肥漏水。

二、栽植密度

山楂建园，首先应选用良种壮苗，保证栽后生长健旺，为结好果、早丰产奠定基础。在栽植密度上，应视立地条件而定。山区梯田栽植，根据梯田面积的宽窄及土壤肥力来决定。土壤瘠薄可密些，土壤较肥沃可稀些。

栽植方式因立地条件不同而异，一般平地多采用长方形栽植，株行距（4~5）m×（5~6）m。山地果园则以等高栽植为宜，株距为4m左右，行距可按地形确定。也可实行密植栽培，株行距为0.5m×2.0m或1.5m×2.0m，以后根据生长和密挤的情况间伐，可使永久性植株的密度变为3m×4m或2m×3m。

三、栽植方法

山楂建园的行向，平地、河滩地以南北向为好。山区梯田上栽植，以与梯田的长边走向一致为佳。

山楂可春栽也可秋栽。栽植时要选择无病虫害的健壮苗木。秋栽应于落叶后到土壤封冻前进行；冬季严寒干旱多风地区，则以春季土壤解冻后到发芽前栽植为好。

栽植时挖大穴，施足肥，认真栽植，栽后浇水，渗后覆土保墒，或铺地膜保湿保温，以利成活。若行秋栽，最好主干绑草把，既可防寒，又可预防畜、兽伤害。

第二节 土肥水管理技术

一、土壤管理

（一）深翻熟化

栽植前要深翻果园。定植时挖大穴，未全园深翻的果园，栽植后要逐年深翻扩穴，不断增大活土层的范围，特别是土层薄、质地差的沙荒河滩地和活土层浅的山地密植园，尤其要注意逐年扩穴改土。其方法是由栽植后第三年开始，每年围绕树穴向外挖宽 30~40cm、深 60~80cm 的沟，将翻出的表土混入基肥，填入沟的下部。底土填在沟的上部，并高出地面做成水盆状土堆。随着根系伸展，要逐渐扩大树穴范围。

深翻扩穴时要特别注意改善土壤结构，即沙地掺入黏土，增加保水保肥能力；黏土要掺入沙土，提高土壤通透性。如果株行距较小则应一次将行株间打通，进行全园深翻。

（二）刨树盘与中耕锄草

在早春、晚秋进行刨树盘，深度 20cm 左右，随刨随打碎土块，然后整平，结合刨树盘清除根蘖。刨树盘时离树干越近应刨浅些，以免刨伤骨干根。在干旱季节或雨后、灌水后，都要及时进行中耕除草。

二、施肥

（一）施肥时期

按照山楂不同时期对营养的要求，可施用不同肥料和不同时期施肥。

（1）萌芽前追肥。山楂从发芽，开花到结果需要大量氮素营养。

（2）生长期追肥。7月追肥应以氮肥和磷、钾肥配合使用，以利花芽分化和果实生长；从8月上旬到果实采收前后增施氮、磷、钾肥料并结合浇水。

（3）秋施基肥。基肥是山楂生长期间长期需要的基础肥料，以秋施为好。

（二）施肥方法

施肥方法有环状沟施、穴施、放射状沟施或条状沟施等。

（1）环状沟施。在幼龄山楂树冠外围挖一条宽30~40cm、深15~45cm的环形沟，然后将表土与基肥混合施入。

（2）穴施。在树干1m以外的树冠下，均匀挖10~20个深40~50cm、上口直径25~30cm、底部5~10cm的锥形穴，穴内填充枯草，用塑料布盖口，追肥浇水均在穴内。此法适宜于保水保肥力差的沙地山楂园。

（3）放射状沟施。在距树干1m远的地方，挖6~8条放射状沟，沟宽30~60cm，深15~40cm，长度抵树冠外缘，将肥料倒入沟中后覆土。此法适用于成龄山楂园。

（4）条状沟施。在果树行间或株间，挖1~2条宽50cm、深40~50cm的长条形沟，然后放肥覆土。此法适用于长方形栽植的成龄山楂园。

（三）适量施肥

山楂幼树每株每年施入腐熟的厩肥40~80kg，全年施化肥（纯氮）0.3~0.5kg；盛果期大树每年每株应适当施入有机肥70kg，追尿素1.5~2kg（或碳酸氢铵2~3kg）、硫酸钾1kg。

（四）叶面喷肥

根外追肥常用的是尿素和磷酸二氢钾，使用浓度为0.2%~0.5%，喷肥适宜温度为18~25℃；喷布时间错开中午高温期，以 10 时以前和 16 时以后无风的天气进行为宜。前期以喷尿素为主，后期喷磷酸二氢钾为好。

三、水分管理

山楂树一般 1 年浇 4 次水，灌水量因树龄、树势、土壤而不同，一般每次灌水应达到树冠投影面积内的土壤湿透 40~60cm。春季有灌水条件的在追肥后浇 1 次水，以促进肥料的吸收和利用。从落花后到生理落果前，结合追肥浇水可减少花后落果和有利第一次果实生长高峰的出现，加速果实膨大，从而提高其坐果率。8 月山楂果实生长最后一次高峰之前浇水，对加速果实膨大作用明显。在冬季及时浇足封冻水，以利树体安全越冬。低洼易涝土壤黏重的山楂园，应挖沟排涝，及时排出积水。其措施是：树盘培土，防止积水；适时松刨，增强土壤通气性，促进水分蒸发，减少土壤含水量。

第三节　整形修剪技术

山楂树萌芽力中等，顶端优势、干性及成枝力都强，且层性明显。因此修剪上应注意控制上强下弱，防止内膛光秃，培养健壮枝组，及时进行更新。

一、树形

自然条件下生长的山楂树树冠多呈自然半圆形，结果部位多分布于外围。人工整形修剪的树形一般采用二层开心形、主枝自然开心形和主干疏层形等。二层开心形干高 30~60cm，树高 4m 左右，层间距 100~120cm，主枝 5~6 个，每个主枝上有侧枝 2~4 个，主枝开张角度 60°~70°。

二、幼树期的修剪

定干高度 60~100cm，根据采用的树形和栽培方式而定。山楂的定植缓苗期较长，定植当年生长不旺，所发枝叶全部保留，以利增加营养，促进枝干加粗。冬剪时，凡是长度在 40cm 以上直立和斜生枝条，均留 20~30cm 剪截，增加分枝量，短于 40cm 的非骨干枝一律缓放，培养结果枝组。二三年生幼枝，主侧枝延长枝每年适度短截，注意剪口留外芽，以保证开张角度。骨干枝以外的枝条，如果长势很强，与骨干枝发生竞争的，疏除或采取别、压、拉等手段加以改造（全树枝量少时），培养成结果枝组，其他枝条一律缓放。

三、初果期树的修剪

此期骨架已基本确立，由于枝量的迅速增加，加之开花结果，树势趋于缓和，故此期修剪要以保持树势，巩固树形，培养结果枝组，调节生长与结果矛盾为主。同时继续对各级骨干枝延长枝进行短截，扩大树冠；其他枝条，特别是发育粗壮、水平或斜生的枝条尽量不动，培养结果枝组；而对那些过密枝、交叉枝、重叠枝要及时疏除或回缩；对有空间的细弱、下垂的一年或多年生枝及时短截或回缩。控制背上枝，防止生长势过强。

四、盛果期树的修剪

山楂树进入盛果期后，树势开始表现衰弱，结果部位外移，修剪的主要任务是多促发营养枝、维持树势，更新结果枝组，截、缩、疏相结合。外围新梢，有空间的尽量短截，促发营养枝，甚至可把过密的结果枝短截一部分，变结果为营养生长，弱树结果枝应控制在40%以内，强树则在50%左右为宜。外围过密枝条及时疏除，改善树冠内通风透光条件，保持叶面积指数4~5。先端下垂的骨干枝、树冠内冗长的细弱枝、连年结果的大中型结果枝组及时回缩更新。树冠内徒长枝及外围竞争枝应视空间情况合理利用。

五、衰老期的修剪

进入衰老期，树势明显减弱，但徒长枝却能大量生长。要充分利用徒长枝，对骨干枝组进行更新。过密的、水平下垂的以及长势很弱的大枝可直接除掉，但要注意伤口保护，过大的枝可分两年疏除。经过回缩和更新，反过来又促发徒长枝，选择方向、位置适当的培养成新的主、侧枝，更新树冠，延长结果寿命。

第四节 花果管理技术

一、休眠期

上冻前、解冻后翻树盘。萌芽前进行冬季修剪（一般为2—4月进行）。早春（3—4月）刮树皮，将树干和大枝上的老翘皮刮掉烧毁，消灭潜伏在老翘皮下的梨小食心虫、卷叶蛾、星毛虫、红蜘蛛等害虫。清理果园。在3月中旬树液开始流动时，大树每株追施尿素0.5~1kg，并灌水，以补充树体生长所需的营养，为提高坐果率打好基础。刨树盘，疏松土壤，消除根蘖，改善土壤通气、水分和营养状况。萌芽前喷布3~5°Bé石硫合剂防治腐烂病、枝干轮纹病、螨类和介壳虫等多种病虫害。

二、萌芽期

除萌蘖，对幼树进行拉枝整形，及刻伤定向发芽、发枝。展叶后喷布一次0.3%尿素。花前15~20天追肥,以氮肥为主,一般为年施用量的25%左右,相当于每株施用尿素0.1~0.5kg或碳酸氢铵0.3~1.3kg,根据实际情况也可适当配合施用一定量的磷钾肥,结合灌溉开小沟施入并进行灌水。种植绿肥植物,如苜蓿、紫穗槐、三叶草等。5月上中旬当树冠内心膛枝长到30~40cm时,留20~30cm摘心,促进花芽形成,培养紧凑的结果枝组。

采用灯光、糖醋液诱杀或人工捕捉金龟子。发芽后40%氟硅唑乳油6 000~8 000倍液加10%吡虫啉可湿性粉剂3 000倍液树上喷雾,防治腐烂病、轮纹病,兼治叶螨、蚜虫等。

三、开花坐果期

花期放蜂、人工辅助授粉。小年树花期喷布一次50~60mg/kg赤霉素以提高坐果率。大年树在幼果期喷一次赤霉素,花期不喷,以提高单果重。

花后一周树上喷布20%甲氰菊酯乳油2 500倍液混1.5%多抗霉素可湿性粉剂400倍液喷雾,防治叶螨、蚜虫、蛾类和斑点落叶病等。

四、果实生长发育期

雨季前维修水土保持工程,松土除草,压绿肥。果实膨大前期追肥,为花芽的前期分化改善营养条件,一般根据土壤的肥力状况与基肥、花期追肥的情况灵活掌握。施用量一般为每株0.1~0.4kg尿素或0.3~1kg碳酸氢铵,并灌水。喷0.3%尿素加0.1%磷酸二氢钾(7月1次,8月1次,以提高花芽分化质量和增加单果重)。果实膨大期追肥,以钾肥为主,配施一定量的氮磷肥,主要是促进果实的生长,提高山楂的碳水化合物含量,提高产量、改善品质,每株果树钾肥的用量一般为硫酸钾0.2~

0.5kg，配施 0.25~0.5kg 的碳酸氢铵和 0.5~1kg 的过磷酸钙，并灌水。

树冠郁闭、通风透光不良的应及早疏除位置不当及过旺的发育枝，对花序下部侧芽萌发的枝一律去除，克服各级大枝的中下部裸秃，防止结果部位外移。对生长旺而有空间的枝在 7 月下旬新梢停止生长后，将枝拉平，缓势促进成花，增加产量。在辅养枝上进行环剥，宽度为被剥枝条粗度的 1/10。抹除由隐芽萌发的过密新梢。新梢留 20~25cm 摘心或短截，多数当年即能形成良好的结果母枝。9—10 月山楂陆续采收。

6 月下旬开始到果实采收前 20 天，每隔 15~20 天，树上交替喷施 1:3:200 波尔多液与 50%多菌灵可湿性粉剂 600 倍液或 70%甲基硫菌灵可湿性粉剂 800 倍液，防治多种病害。喷 10%吡虫啉乳油 5 000 倍液及 30%溴氰菊酯乳油 1 500~2 000 倍液防治桃蛀果蛾类、蚜虫等。

五、果实收采后

采收后立即秋施基肥，以有机肥为主，加入适量磷肥和氮肥。施肥量根据土壤肥力、树势、树龄等条件决定。如 10 年生树株施土粪 100~200kg、过磷酸钙 2kg、尿素 0.5~1kg。采用环状沟施或条状沟施，深 40~50cm。深翻施肥后进行灌水。喷药保护叶片。清理果园落叶、残枝、病果，焚烧或深埋。寒冷地区幼树培土防寒、树干涂白。

第五节 病虫害防治技术

一、山楂树主要病害

(一) 山楂白粉病

1. 识别与诊断

山楂白粉病是山楂树的主要病害,特别是幼苗、幼树十分严重。它主要为害山楂嫩芽、新梢、叶片、花蕾及果实。发病初现黄色或粉红色病斑,叶两面产生白色粉状物,且较厚,呈绒毯状。新梢生长细弱,节间短,叶细卷缩,新叶扭曲纵卷,嫩茎布满白粉,严重时枯死。幼果自落花后发病,多在近果柄处出现病斑和白粉,果实随即向一侧弯曲生长,病斑蔓延至全果则脱落。稍大的幼果病部硬化龟裂,畸形,着色差。

2. 防治方法

加强管理,提高树体抗病性。休眠期清扫果园及苗圃,生长季摘除病梢、叶、果,烧毁。发病较重的果园,发芽前喷1次4~5°Bé石硫合剂。同时对根蘖苗及附近的野生山楂树也要喷药。花蕾期、6月上旬各喷1次25%三唑酮可湿性粉剂1 000~1 500倍液、0.3°Bé石硫合剂。苗圃防治可在山楂实生苗长出4片真叶时开始喷药,以后每隔半月1次,7月以后酌情停止喷药。

(二) 山楂花腐病

1. 识别与诊断

山楂花腐病主要为害山楂花、叶片、新梢和幼果,造成病部腐烂。嫩叶初现褐色斑点或短线条状小斑,后扩展成红褐色至棕褐色大斑,潮湿时其上生灰白色霉状物,病叶即焦枯脱落。新梢病斑由褐色变为红褐色,逐渐凋枯死亡。幼果上初现褐色小斑点,后色变暗褐并腐烂,表面有黏液,酒糟味,病果脱落。花期病菌从柱头侵入,使花腐烂。

2. 防治方法

可在早春深翻病园表土,深达10cm以上,将病果埋于地下,以消灭侵染源。发病期要及时摘除病叶、病花、病果,深埋或烧毁。在发病较重又未春翻果园可于早春每亩撒布石灰粉25kg。在山楂树展叶50%和叶片全部展开两个时期,用0.4°Bé石硫合剂或70%甲基硫菌灵可湿性粉剂700倍液分别各喷药1次,在盛花期喷布25%多菌灵可湿性粉剂250倍液1次。如展叶期间天气干旱,只在花期喷药一次。

二、山楂树主要虫害

(一) 白小食心虫

1. 识别与诊断

白小食心虫主要为害山楂、苹果。幼虫多从果实萼洼处蛀入,只在皮下食害果肉,蛀孔处排出大量虫粪,并吐丝缀连虫粪,使其不脱落,极易识别。

2. 防治方法

及时摘除虫果,集中处理,以减轻下代虫源。山楂采收后清扫树下的枯枝、落叶和杂草,秋季和早春彻底刮掉枝干上老翘皮,深埋或烧毁。化蛹前摘除虫果集中销毁。秋冬、早春彻底清园,连同杂草、落叶一起集中烧毁,刨树盘,耕翻树行,消灭越冬幼虫。化学防治关键为第一代幼虫初孵期。在第一代卵孵化初期(盛末期在6月中下旬,即麦收前),即当有3%的卵孵化时,可喷25%灭幼脲悬浮剂2 000倍液、50%辛脲乳油1 500~2 000倍液等。幼虫脱果前,可在树干及主枝基部绑草把诱集,采果后解除烧毁。还可利用天敌防治。

（二）山楂木蠹蛾

1. 识别与诊断

山楂木蠹蛾是山楂产区的毁灭性害虫。只为害山楂。以幼虫钻蛀枝干，幼龄幼虫在韧皮部及木质部蛀食；3龄后逐渐向木质部深层为害，蛀成不规则纵横隧道，并不断排出虫粪和大量木屑，堆积在蛀孔下的地面上。被害树势逐年衰弱，以致整株死亡。

2. 防治方法

秋季或早春刮树皮，消灭树体浅层越冬幼虫，及时清理带虫体的残树、枯枝，集中烧毁。在幼虫幼龄期，从蛀孔注入45%马拉硫磷乳油1 300倍液，然后用黄泥封闭蛀孔，可熏死幼虫。在成虫发生盛期，可用黑光灯诱杀成虫或性引诱剂诱杀雄成虫，或喷洒1.8%阿维菌素乳油2 000~3 000倍液、45%马拉硫磷乳油1 300倍液等。

第四章 桃树的栽培与病虫害防治技术

第一节 栽植技术

一、园地选择

由于桃原产我国西北部,有抗旱不耐涝特性,因此,在园地选择时,首先要考虑排水通畅,如果地下水位高于1m以上时,需要采取高畦或台田种植,增加土层厚度,并开深沟排水,使水远排,降低地下水位,以利根系生长。土壤盐碱含量大的地区,应采取降低土壤盐碱量的措施。重茬桃园往往生长发育不良,或植株易死亡,其原因较为复杂,多数认为重茬园土壤中残腐根含扁桃苷,水解时产生氢氰酸和苯甲醛,抑制根系生长,杀死新根。也有人认为是老根的周围线虫密度大,为害桃根,根部能分泌扁桃苷酶等,影响新植幼树的根系生长。老桃园砍伐后宜休闲晒垡,种植其他作物,并行深耕,挖穴换土,再种植幼树。在丘陵地种植桃树,应选择坡向,一般南坡日照充足,同时要注意水土保持工作。干旱地区如在西和西南坡面建园,易引起日灼病。

二、品种配置

应根据建园所在地的市场需要、距离城市远近以及交通运输条件等情况来进行选择。要从品种适应性、丰产性、抗逆性、耐贮性和品质等方面进行多重考虑。在一个生产果园中，品种不宜过多，应根据不同用途，确定适宜的早、中、晚熟品种比例。大中城市近郊、游览区、工矿区，人口密集和交通运输方便，对品质的要求也较高，宜栽植不同成熟期的水蜜桃品种，以达到延长供应期的目的。远郊区或中小城市和交通运输条件较差的地方，宜多栽植耐贮运的硬肉桃品种，以适应远途运输。罐藏加工品种的种植，则应与各地罐头加工厂的原料基地相结合，依据加工厂的生产能力，配置不同成熟期的黄肉罐桃品种，达到错开供应、延长生产时间的目的。桃品种中多数为自交结实，但也有花粉不育或自交结实能力差的，因此，需要配置授粉品种。

三、栽植密度

由于桃树喜光性强，栽植距离应考虑树冠的生长发育情况，如桃树在北方反而比在南方生长势旺盛，树冠较大，行向以南北为宜。在我国南方株行距以 4m×4m 或 4m×5m，每亩 40 株或 33 株为宜，山地种植的株行距可适当缩小至 3.2m×3.2m，每亩 66 株。北方以 5m×5m 或 5m×6m，每亩 27 株或 22 株为宜。

四、栽植方法

建园定植前，先根据栽植方式进行规划设计，做出栽植规划图，在地面标明定植位置，然后挖好定植穴。定植穴直径 60cm，深 50cm，表土与底土分开堆放，每穴将腐熟有机肥料 20kg，过磷酸钙 0.5kg，与表土充分拌和后施入穴底，分层踏实，上部再填入 15cm 左右的熟土，填好后略高于畦面 5~6cm，以防雨后下沉凹陷，造成定植过深。

苗木应选用根系好、芽饱满、无病虫害及无机械损伤的健壮苗。先剪短垂直根，修平根系伤口，定植时使接口朝夏季主风向，舒展根系后踏实，浇透水。幼苗定植后距地面 60~70cm 处剪截定干，其高度因品种和生态条件而异。树姿开张品种在肥水条件良好地区定干宜高；直立品种在风大地区定干宜低。剪口下 15~30cm 为整形带，整形带内要有 5~9 个饱满芽，以便在带内培养主枝。若用芽苗，萌芽前，在芽上方 0.1cm 处剪砧；萌动后，及时抹除砧蘖。从萌芽期始至 7 月间，每月浇薄粪水 1~2 次，促进接芽迅速生长。

第二节　土肥水管理技术

桃树所需要的水分和主要矿质营养都来自桃园的土壤，所以，积极采取各种农业措施，适时地补充和调节土壤的肥、水含量，提高土壤的有机质含量，不断改善土壤的理化性状，是做好桃树丰产、优质栽培的关键。

一、土壤管理

果园清耕不必常年做，早春在根系第一次生长高峰前灌水后深耕（5~10cm）1 次，既可保墒又能提高地温。到了 8 月、9 月根系进入夏眠，又逢雨季，不松土有利于水分蒸发，故只除草不中耕。秋季深耕可熟化土壤，幼树应结合施基肥逐渐扩穴，直至与树冠相适应；成龄树自主干向外逐渐加深，近主干处 10~15cm，靠树冠边缘 20~30cm，秋季深耕正在根系活动的旺盛期，断根容易愈合，并能刺激发生新根，增加根量，扩大根系体积，使根系更加复壮，但耕作时间不能过晚。果园种植禾本科或豆科草，可增加土壤有机质，改善土壤结构。但水源不足时易与桃树争肥水。在树冠下覆草（杂草、稻草、麦秸）10cm 左右，可抑制杂草生长，避免草荒，减少水分蒸发，提高土壤湿度，覆草腐烂可增加土壤有机质，改善土壤团粒结构，提高土壤肥力，有利于桃树生长，在盐碱地还可以防止或减轻土壤盐渍化。经过长期覆盖，土壤表层温度、湿度较适宜，有利于根系生长，但也要定期深施肥，防止根系生长。幼树桃园可适当间作豆科、瓜类、薯类等矮秆作物，增加收入，但应避免种十字花科植物。

二、桃园水肥管理

桃园施肥分基肥和追肥。每年9—10月要结合秋季深翻，每株施人畜粪50~100kg，同时结合病虫害防治喷0.3%~0.5%的尿素和磷酸二氢钾混合液。单独施基肥可采用条状沟施、环状沟施、放射状沟施等。花前、硬核期前及果实迅速膨大期各追肥1次，采收后补肥1次。有浇水条件的桃园，灌水原则是冬灌足、春少灌、夏控水、秋排涝。无法浇水的桃园用穴贮肥水和地膜覆盖方法，萌芽前深翻整平地面，施足基肥，于树冠投影边缘向内50~70cm处，根据树冠大小在根系集中分布区，挖5~6个直径25~30cm、深30~40cm的穴，穴内垂直插入浸透水或水和尿混合液的草把，草把粗20cm左右，长度比穴深短3~5cm，草把用玉米秆、麦秸、杂草捆绑而成。在草中和周围填入混有土杂肥的土和过磷酸钙，每草把0.2kg，填实后，在每个草把顶上撒0.15kg尿素或果树专用肥0.15kg，然后覆土4~5cm，随即浇水4~5kg。穴面要低于地面，其上用地膜覆盖。膜上可扎孔接收雨水。4—6月，可每隔7~12天向穴内浇水1次。在花后、新梢停长后、雨季及采收后4个时期，每穴施果树专用肥0.15kg和尿素0.1kg。桃树的萌芽、开花、果实膨大、成熟都离不开水分的供应。北方春旱，灌溉主要在春季和夏季前半期，重点在萌芽前、开花后和硬核开始期。有条件的提倡滴管，也可采用小沟左右交替灌水方法。桃树是怕涝树种，雨季注意及时排水。施肥中还要注意桃树缺素症对树体的危害，如缺氮、磷、钾、铁、锌、硼、钙等常表现出不同症状，应对症及时进行补充。

第三节 整形修剪技术

一、基本树形

一般在桃树常用的树形有4种。

（1）1株1干，又名主干形，适应于行株距为3m×1m或2m×1m、亩均222~333株的高密植园。

（2）1株2干，又名"Y"字形，适应于行株距为（3.5~4）m×1m、亩均170株左右的密植园。

（3）1株3~4干，又名开心形，适应于行株距为4m×3m、亩均55株左右的稀植园。

（4）1株多干，又名改造形，是栽植多年的稀植园改造而来，能充分利用空间，达到立体结果的目的。

这4种树形，具有各自的特点和优势，在桃园实地操作中，要根据地理条件、管理水平、栽植密度、灵活选择最适宜的树形，以达到高产优质的目的。

二、修剪时期

（一）休眠期修剪

桃树落叶后到萌芽前均可进行休眠期修剪，但以落叶后至春节前进行为好。黄肉桃类品种幼树易旺长，常推迟到萌芽前进行修剪，以缓和树势，同时还可以防止因早剪而引起花芽受冻害。最晚也要在树液开始流动之前完成，否则会造成养分损失，从而对桃树萌芽、开花造成不利影响。个别寒冷地区，桃树采取匍匐栽培，需要埋土防寒，则应在落叶后及时修剪，然后埋土越冬。在冬季寒冷、春季干旱的地区，幼树易出现"抽条"现象，应在严寒之前完成修剪。

(二) 生长期修剪

即在萌芽后直到停止生长以前进行。在萌芽后至开花前进行的修剪称为花前修剪，如疏枝、短截花枝、枯枝、回缩辅养枝和枝组，调整花、叶、果比例等。夏季修剪就是利用抹芽、摘心、剪梢、疏枝、扭梢、折枝等技术，控制无用枝的生长，减少其对养分的消耗，改善通风透光条件，有利于培养优良结构的树形，培养高效的结果枝类型，增进果实的品质。桃树夏季修剪的具体时间、次数以及修剪方法，要根据树龄、生长势、品种特性、栽培方式以及劳力等条件而定。

第四节 花果管理技术

一、授粉

露地栽培桃园，自花结实品种，在天气正常的情况下，不需进行人工授粉。自花不育品种及设施栽培桃，必须进行人工授粉或蜜蜂授粉。

(一) 授粉时间

在花开10%~20%时进行，2~3天结束。花开1~3天内，柱头分泌黏液多，授粉坐果率高，为最佳授粉期。一天内早上露水干后至太阳落山前均可授粉。

(二) 授粉品种

桃授粉品种一般以大久保为主，其花期早、花粉量大、亲和力强，人工授粉效果最好。

(三) 花粉制作

授粉前 2~3 天,是制取花粉的最佳时机。方法是选择生长健壮的大久保桃树,摘取含苞待放的花蕾,及时用手揉搓,使花药脱离雄蕊,然后用细筛筛一遍,除去花瓣等杂质。将花药薄薄地铺在报纸上,置于室内阴干,室内要求干燥、通风、无尘,温度控制在 20~25℃。温度过低,花药不易开裂,散粉速度慢;温度过高,影响花粉的生活力,注意切不可将花药在阳光下暴晒或烘烤。24h 后将阴干开裂的花药过细筛,除去杂质,即可得到金黄色的花粉。将花粉装入棕色玻璃瓶中,放在 0℃以下的冰箱内贮存备用。

(四) 人工授粉

采用人工授粉技术,可有效地提高坐果率,提高桃果的品质,是增强桃果市场竞争力、增加果农收入的有效手段。

1. 人工点授

首先准备 5cm 长的自行车气门芯,一端套在火柴棒上,一端往回翻卷 0.5cm,点授授粉器即制作完成。选择晴朗无风的天气,在 10—15 时进行点授授粉。用点授授粉器气门芯一端蘸取花粉,点授到新开花的柱头上,每蘸一次花粉,可授 3~4 朵花。新开花的花瓣新鲜,柱头上有黏液,此时授粉容易受精,授粉效果好。花粉要随用随取,不用时放回原处。授粉量要看树的大小、树势强弱、技术管理水平等因素来确定。一般点授 1 次达不到授粉量,因此需要授粉 3~4 次才能完成。

2. 人工撒粉

将花粉与干净无杂质的滑石粉或细干淀粉按 1:(10~20) 的比例,充分混合均匀后,装入纱布袋中,将纱布袋固定在长竹竿顶端,然后在盛花期的树冠上抖动,使花粉飞落在柱头上,从而提高坐果率。

(五) 蜜蜂授粉

采用蜜蜂授粉能极大提高坐果率，15亩桃园放蜜蜂4~5箱，放蜂前，桃园内不得使用对蜜蜂有毒的农药。

二、疏花

(一) 疏花时期

人工疏花，一般在蕾期和花期进行，原则上越早越好。花蕾露瓣期即花前1周至始花前是花蕾受外力最易脱落的时期，是疏蕾的关键时期。疏花要根据天气情况进行，天气好，授粉充分可早疏；开花不整齐宜晚疏。另外成年树可早疏，幼树晚疏。一般品种在盛花期以易分辨优劣时进行为宜，对于坐果率高的品种，疏花应选择蕾期或开花期，注意此期如遇低温或多雨，可不疏花或晚疏花。

(二) 疏花方法

疏花应先上后下，从里到外，从大枝到小枝，以免漏枝和碰伤不该疏除的花果。人工疏花主要是疏摘畸形花（如花器发育不全、多于或少于5瓣的花、双柱头及多柱头的花）、弱小的花、朝天花、无叶花，留下先开的花，疏掉后开的花；疏掉丛花，留双花、单花；疏基部花，留中部花。全树的疏花量约1/3。留花的标准：长果枝留5~6朵花，中果枝留3~4朵花，短果枝和花束状果枝留2~3朵花，预备枝上不留花。保证树体每平方米空间留果在120个左右。幼树主枝及侧枝延长枝先端30~50cm的花疏除，成年树主要对结果枝背上和基部、花束状结果枝和无叶芽枝条的花蕾疏除，由于长果枝疏花后易引起新梢徒长，一般不疏花蕾。

幼树、旺树可轻疏，老树、弱树可重疏；坐果差、有生理落果特性的品种轻疏，坐果率高、实施人工授粉的品种可重疏。易受晚霜、风沙、阴雨危害的地区可适当控制疏花疏蕾。

三、疏果

疏果有助于促进留下的果实发育增大及品质提高，还能防止结果大小年，达到高产稳产，并有减少病虫为害，节省套袋和采收劳力等作用。从效果上看，疏果不如疏花。

（一）留果量

留果量的标准主要依据树龄、树势、品种和管理水平而定。留果量的计算可以采用以产定果法、果枝定量法、间距定果法、主干截面法、叶果比法等方法。如采用叶果比法，叶果比一般（20~50）:1，具体根据树势、果实大小确定。早熟品种一般20:1，中熟品种一般30:1，晚熟品种一般（40~50）:1。疏果时注意疏少叶果，留多叶果，留单不留双。

（二）疏果时期

疏果，目前以人工疏除为主，宜早不宜迟，可分两次进行。第一次在生理落果后（约谢花后20天）开始，疏除小果、黄萎果、病虫果、并生果、无叶果、朝天果、畸形果，选留果枝中上部的长形果、好果。疏果量应占坐果量的50%~60%。已疏花的树，可不进行第一次疏果。第二次疏果也叫定果，在第二次生理落果后（谢花后40天左右）进行，早熟品种、大型果品种宜先疏，坐果率高的品种和盛果期的树宜先疏；晚熟品种、初果期树可以适当晚疏。

（三）疏果方法

疏果时，掌握留大去小、留优去劣、均匀分布的原则，第一次疏果主要是疏除小果、双果、畸形果、病虫果；其次是朝天果、果枝基部果、无叶果枝上的果和花束状结果枝上的果实，延长枝头（幼树）和叉角之间的果全部疏掉不留。选留果型大、形状端正的果，这种果将来可长成大果。选留部位为果枝两侧、向下生长的果为好，便于以后打药和采摘。第二次疏果，根据树势、树龄、果型大小和生产条件等确定留果量，保留无病虫、大小适中、浓绿色、果面光洁、纵径长的果实，保留生长在结果部位良好处的果实，如外围结果枝留斜向下的果实，内膛结果枝留斜向上的果实。

四、套袋

（一）袋子的选择

一般以纸袋为主，选用材质牢固、耐雨淋日晒、透明度较好的袋子，目前果袋有报纸袋、套袋专用纸袋、塑膜袋、无纺布袋4种。

（二）套袋的时间

桃盛花后30天内要进行严格疏果，在第二次生理落果（硬核期）即谢花后50~55天进行套袋，此期疏果工作已完成，病虫大量发生前特别是桃蛀螟产卵前进行，一般在5月中下旬开始套袋，套袋时间以晴天9—11时和15—18时为宜。

（三）套前喷药

套前先疏果定果，然后对全园进行一次大扫除，在晴天对树体和幼果喷施一次杀虫剂和保护性杀菌剂，杀死果实上的虫卵和病菌，可用5% S-氰戊菊酯乳油2 000倍液+25%灭幼脲悬浮剂1 500倍液+10%多抗霉素可湿性粉剂1 000倍液，加入0.1%磷酸二氢钾、0.3%尿素混合肥液喷施。

（四）套袋方法

套袋前3~5天将整捆果袋用单层报纸包好埋入湿土中湿润袋体，可喷少许水于袋口处，以利扎紧袋口。果园喷药后应间隔2~3天再套袋。套袋应在早晨露水干后进行。套袋时应先将袋口撑开托起袋底，果袋撑至最大，将幼果套入袋中，使幼果处于袋体中央，在袋内悬空。因为桃的果柄短，不同于苹果、梨，要将袋口捏在果枝上用袋内铁丝或订书钉等扎紧。

注意不要将叶片套入袋内，套袋应遵从由上到下、从里到外、小心轻拿的原则，不要用手触摸幼果，不要碰伤果梗和果台。另外，树冠上部及骨干枝背上裸露果实应少套，以避免日烧病的发生。

（五）套袋后的管理

套袋桃园加强肥水管理和叶片保护，以维持健壮的树势，满足果实生长需要。由于套袋栽培果实中含钙量下降，易患苦痘病等，在7—9月每月喷1次300~500倍液的氨基酸钙或氨基酸复合微肥。果实膨大期、摘袋前应分别浇1次透水，以满足套袋果实对水分的需求和防止日灼；除进行果园全年正常病虫防治外，套袋前1~2天全园喷1遍杀菌剂和杀虫剂，以有效地防治烂果病、棉铃虫、蚜螨类等病虫害。药剂包括70%代森锰锌可湿性粉剂600倍液、70%甲基硫菌灵可湿性粉剂800倍液等，不要用有机磷和波尔多液，防止果锈产生。果实袋内生长期应照常喷洒具有保叶和保果作用的杀菌剂，以防菌随雨水进入袋内为害。采收后，将用过的废纸袋及时集中烧毁，消灭潜伏在袋上的病虫源，以减少翌年的为害。

五、摘袋

（一）摘袋方法

摘袋时期因袋种、品种、气候、立地条件不同而有较大差别，浅色袋不用去袋，采收时果与袋一起摘下；一般在果实采收前10天左右解袋，在果实成熟前对树冠受光部位好的果实先进行解袋观察，当果袋内果实开始由绿转白时，就是解袋最佳时期，先解上部外围果，后解下部内膛果，解袋时日照强、气温高的情况下容易发生日灼，最好在阴天或多云天气下解袋，晴天时，一定要避开中午日光最强的时间，一天中适宜解袋时间为9—11时，15—17时，上午解除北侧的纸袋，下午解除南侧的纸袋。对于单层袋，易着色品种采前4~5天解袋，不易着色品种采前10~15天解袋，中等着色品种采前6~10天解袋，先将袋体撕开使其在果实上方呈一伞形，以遮挡直射光，5~7天后再将袋全部解掉；对于双层袋，采前12~15天先沿袋切线撕掉外袋，内袋在采前5~7天再去掉，解袋以后需将遮挡果实的叶片摘掉，使果实全面浴光，使其着色均匀。果实成熟期如雨水集中地区、裂果严重的品种也可不解袋。

（二）摘袋后的配套措施

及时摘叶，果实着色期，即在果实成熟前，直射光对果实着色有较大的影响，由于叶片较多，果实着色可能不均匀，此时将挡光的叶片或紧贴果实的叶片少量摘去，可使果实着色均匀，是摘叶的关键时期。摘叶时不要从叶柄基部掰下，要保留叶柄，用剪刀将叶柄剪断；铺反光膜能促进果实着色，反光膜反射的散射光，对内膛和树冠下部的果实着色非常有利。

第五节　病虫害防治技术

一、桃树主要病害

（一）桃流胶病

1. 识别与诊断

桃流胶病是桃树上难治的一种病害，分为侵染性和非侵染性流胶病，侵染性流胶主要为害枝干和果实；非侵染性流胶主要为害主干和主枝丫杈处、小枝条和果实。诱发该病的因素十分复杂，有霜害、冻害、病虫害、土壤黏重、管理粗放、结果过多、枝干生长不充实等，这些会引起树体生理失调而导致桃树流胶。流胶病在春、秋季发生最重。

在树皮或皮裂口处流出淡黄色柔软透明的树脂，树脂凝结后渐变为红褐色，病部稍肿胀，其皮层和木质部变褐腐朽。病株树势衰弱，叶色黄而细小，发病严重时枝干枯死，甚至整株死亡。

2. 防治方法

（1）加强管理。增强树势，增施有机肥，改良土壤，合理修剪，减少枝干伤口。清除被害枝梢，防治蛀食枝干的害虫，预防虫伤，枝干涂白，预防冻害和灼伤。

（2）药剂防治。

①防治时间：根据流胶病在春、秋发生最重的特点，春（4—5月）、秋（9—10月）为防治的关键时期。

②药剂种类：43%代森锰锌悬浮剂30~60倍液。

③防治步骤：先刮除流胶部位病变组织，再用棉签或牙刷将稀释成30~60倍液的43%代森锰锌悬浮剂涂抹于伤口处，一般为春、秋季各涂抹2~3次，连防1~2年病部可痊愈。

（二）桃缩叶病

1. 识别与诊断

主要为害桃树幼嫩部分。春季嫩叶初展时显出波纹状，叶缘向后卷曲，颜色发红。随着叶片生长，卷曲程度加重，叶片增厚发暗，呈红褐色，严重时，叶片变形，枝梢枯死。春末夏初在病叶表面长出一层白色粉状物。

2. 防治方法

（1）早春用3~5°Bé石硫合剂消灭越冬菌源，进行保护。

（2）桃芽萌动至露红期，喷5%井冈霉素水剂500倍液。

（3）加强果园管理，初见病叶及时摘除，集中烧毁或深埋。当年的菌源，发病严重的田块，由于大量落叶，应及时施肥、灌水，恢复树势，增强抗病能力。

(三) 桃细菌性穿孔病

1. 识别与诊断

桃细菌性穿孔病主要为害叶片，也能侵害果实和枝梢。叶片发病时，初为水渍状小点，后扩大成紫褐色或黑褐色圆形或不规则形病斑，直径 2mm 左右，病斑周围有绿色晕环。之后，病斑干枯，病健组织交界处发生 1 圈裂纹，病斑脱落后形成穿孔。枝条受害形成溃疡。果实受害，最初发生褐色小点，以后扩大，颜色较深，中央稍凹陷，病斑边缘呈水渍状。天气潮湿时，病斑出现黄色黏性物。

2. 防治方法

（1）加强果园管理。结合冬季修剪，剪除病枝，集中烧毁，消灭越冬病源。合理修剪，增施有机肥，增强抗病能力。

（2）药剂防治。在发芽前喷 5°Bé 石硫合剂，展叶后至发病前喷 2%春雷霉素水剂 500~800 倍液。

(四) 桃炭疽病

1. 识别与诊断

桃炭疽病主要为害果，也为害新梢和叶。幼果发病，果面暗褐色，发育停滞，萎缩僵化，经久不落。病菌可经过果梗蔓延到结果枝。果实膨大期发病，果面出现淡褐色水渍状病斑。病斑逐渐扩大，凹陷，表面呈红褐色，生出橘红色小点，即病菌的分生孢子盘，产生大量分生孢子，黏集于病斑表面。近成熟期果实发病，症状与膨大期相像，常数斑融合，病果软腐，大多脱落。新梢受害出现暗褐色长椭圆形病斑，略凹陷，逐渐扩展，致使病梢在当年或翌年春季枯死，有时还向副主枝和主枝蔓延。天气潮湿时，病斑表面也出现橘红色小点。叶片发病后纵卷成筒状。

2. 防治方法

（1）农业防治。清除病枝僵果，减少病菌传染。加强栽培管理，细致夏剪，增加通风透光。

（2）药剂防治。发芽前喷洒1∶1∶240波尔多液，这次喷药是药剂防治的关键。生长期防治，华北地区可在5月、6月、7月的中旬喷施80%炭疽福美可湿性粉剂800倍液、70%甲基硫菌灵可湿性粉剂1 000~1 500倍液等药剂。

（五）桃疮痂病

1. 识别与诊断

桃疮痂病主要为害果实，也为害枝梢和叶。果实发病初期，果面出现暗绿色圆形斑点，逐渐扩大，至果实近成熟期，病斑呈暗紫或黑色，略凹陷，直径2~3mm。病菌扩展局限于表层，不深入果肉。发病严重时，病斑密集，聚合连片，随着果实的膨大，果实龟裂。枝梢发病出现长圆形斑，起初浅褐色，后转暗褐色，稍隆起，常流胶。翌年春季，病斑表面产生绒点状暗色分生孢子丛。叶子被害，叶背出现暗绿色斑。病斑后转褐色或紫红色，组织干枯，形成穿孔。病叶易早期脱落。

2. 防治方法

（1）药剂防治。发芽前喷洒5°Bé石硫合剂，铲除侵染源。落花后至6月喷洒65%代森锌可湿性粉剂600~800倍液，每隔半个月喷洒一次。生长后期结合防治褐腐病喷洒药剂。

（2）农业防治。避免在低洼积水地段建园，栽植不要过密。适度修剪，防止果园郁密。冬季修剪时仔细剪除病枝。落花后3~4周套袋，预防侵染。

二、桃树主要虫害

(一) 桃蛀螟

1. 识别与诊断

桃蛀螟成虫体长 12mm，翅黄至橙黄色，身体、翅表面多黑斑点似豹纹。幼虫：长约 22mm，体色有淡褐、浅灰、暗红等色，腹面多为淡绿色，体表有许多黑褐色突起。初孵幼虫先于果梗、果蒂基部，花芽内吐丝蛀食，蜕皮后蛀入果肉为害。

2. 防治方法

（1）冬季将周围残枝落叶及为害部位清除烧毁，消灭越冬幼虫。

（2）药剂种类。50%杀螟硫磷乳剂 1 000~1 500 倍液、3%啶虫脒乳油 1 000~1 500 倍液。

(二) 桃潜叶蛾（吊丝虫）

1. 为害症状

该虫的卵散产在叶表皮内，孵化后在叶肉内潜食呈弯曲隧道，致叶片干枯脱落。据观察，每片叶只要有一个隧道的，叶片必掉，严重者叶片提前脱落，甚至掉光，影响来年产量。

2. 防治方法

由于该虫世代重叠严重，时有时无，给防治工作带来巨大困难。为此，只有勤查早治，特别是每年的第一代（即 4 月上中旬）是查治的关键。但防治的关键适期在每代幼虫和成虫的盛发期（即刚看见隧道时和吊丝的时候），幼虫盛发期至成虫盛发期需 7~10 天，即第一次施药后 7~10 天施第二次药就能达到理想的效果，且防治好一、二代是压低基数的关键。

防治时最好是一个乡镇或一个村组在统一时间内统一用药防治，避免你防我不防，等于没有防的现象发生。

药剂种类：
①20%吡虫啉可溶剂4 000~5 000倍液。
②3%啶虫脒乳油1 500~2 000倍液。
③2.5%高效氟氯氰菊酯乳油2 000~3 000倍液。

(三) 桃桑盾蚧（桑白蚧）

1. 识别与诊断

雌成虫橙黄色，宽卵圆形，体表覆盖介壳，灰白色，近圆形，背面隆起。雄成虫体长0.65~0.7mm，橙色。主要通过刺吸式口器在枝条上吸取汁液，轻者植株生长不良，重者导致枯枝、死树。

2. 防治方法

（1）秋冬季结合修剪，剪去虫害重的衰弱枝，其余枝条可采用人工刮除越冬成虫，早春桃树发芽以前喷5°Bé石硫合剂。

（2）药剂防治。以卵孵期药剂防治效果最好（即壳点变红且周围有小红点时）。可选用4.25%噻虫嗪水分散粒剂8 000~10 000倍液。

(四) 桃蚜（桃赤蚜、烟蚜、菜蚜）

1. 识别与诊断

有翅胎生翅蚜头胸部黑色，腹部背面中部有黑斑，腹管细长。无翅胎生雌蚜和若虫呈淡红色或黄绿色。

桃蚜在嫩梢和叶背以刺吸式口器吸取汁液，使被害叶向背面做不规则的卷曲。

桃蚜一年可发生十几代，以卵在桃树枝梢芽腋、树皮和小枝杈等处越冬，开春桃芽萌动时越冬卵开始孵化，若虫为害桃树的嫩芽，展叶后群集叶片背面为害，吸食叶片汁液。3月下旬开始孤雌生殖，5—6月迁移到越夏寄主上，10月产生的有翅性母迁返桃树，由性母产生性蚜，交尾后，在桃树上产卵越冬。

2. 防治方法

（1）花露红时，即桃树花开3%~5%时施用清园药剂，第一次药剂为50%氟啶虫胺腈水分散粒剂8 000~10 000倍液，或8%氟啶虫酰胺可分散油悬浮剂2 000~3 000倍液，为更好地发挥药剂效果可添加有机硅、植物油等助剂增加药剂的润湿、展着和吸收。

（2）谢花80%后进行第二次用药喷雾，推荐药剂为氟啶虫胺腈或氟啶虫酰胺（倍数同上），配合75%螺虫乙酯·吡蚜酮水分散粒剂4 000~5 000倍液喷雾。为增加药剂的叶片吸收和触杀效果，也可配合增效剂混合使用。

（五）桃树螨类（全爪螨）

1. 识别与诊断

全爪螨椭圆形，深红色，雄螨较雌螨小，鲜红色，后端较狭呈楔形。若螨与成螨相似，色较淡。

以成螨、若螨、幼螨刺吸叶、果、嫩枝的汁液，以叶为主，被害叶面出现灰白色、黄色失绿斑点，严重时全叶卷曲早落，削弱树势，常引致落果。

2. 防治方法

（1）加强肥水管理，种植覆盖植物，改变小气候和生物组成，使有利于益螨不利于害螨。

（2）保护和利用天敌，捕食螨、草蛉、隐翅虫、花蝽、蜘蛛等，对螨类都有一定控制作用。

（3）药剂防治，当有螨叶率达5%~10%时，施药防治。

第五章 杏树的栽培与病虫害防治技术

第一节 建园及整形修剪技术

一、建园技术

杏树建园时要考虑花期的晚霜危害,因此在山地建园要避开风口和谷地,选择坡度小于25°、土层较厚、背风向阳的南坡或半阳坡为宜。在平地建园要避开低洼地,排水不良和土壤黏重地不宜建杏园。避开种植过核果树的地块建园,以免发生再植病。

新建杏园株行距(2~3)m×(5~6)m为宜,仁用杏株行距(2~3)m×(4~5)m为宜。

大多数杏品种的白花结实率很低,需配置授粉树,可按(3~4):1配置授粉树。

二、整形修剪技术

杏树目前采用较多的是小冠疏层形、自然圆头形、杯状形和开心形,仁用杏以杯状形和延迟开心形效果比较好。

1. 杯状形树体结构

干高30~50cm,主干上有3~5个主枝。主枝单轴延伸,没有侧枝,在其上直接着生结果枝组。主枝开张角度为25°~35°,枝展直径为1~1.5m。

2. 杯状形整形过程

杏树定植后在 50~70cm 处定干。从剪口下新梢中选留 3~4 个生长健壮、方位角度适宜的新梢，作为主枝培养。其余枝条通过拉枝、扭梢拉平后缓放，避免与主枝竞争。第一年冬季修剪时，主枝剪留 60cm 左右，其余枝依据空间的大小适当轻剪或不剪。翌年春季，在剪口下新梢中继续选留主枝延长枝培养，通过摘心、扭梢等方法控制竞争枝和其他旺枝，也可重短截促发分枝培养结果枝组。其他枝轻剪缓放，促进花芽形成。第二年按小年原则修剪，至第三年基本完成树形。

休眠期修剪的原则是"细枝多剪，粗枝少剪；长枝多剪，短枝少剪"。少疏枝条，多用拉枝、缓放方法促生结果枝，待大量果枝形成后再分期回缩，培养成结果枝组，修剪量宜轻不宜重。对生长势减弱的枝组回缩到抬头枝处，恢复生长势，改善光照条件。

第二节 花果管理技术

一、休眠期

杏树休眠期管理主要有修剪、清洁果园、喷施石硫合剂和施肥灌水等任务。

幼树以整形为主，一般将主枝、侧枝的延长枝剪去 1/4~1/3 为宜。盛果期树延长枝剪去 1/3~1/2，中果枝剪去 1/3，短果枝剪去 1/2，疏除部分花束状结果枝。骨干枝衰老后，可按照粗枝长留，细枝短留原则，剪留 1/3~1/2。在干旱山区要配合施肥灌水，否则达不到更新效果，甚至造成树体衰亡。

结合休眠期修剪彻底剪除病梢，早春结合果园耕翻，清除地面病叶、病果,集中烧毁或深埋,可有效防治杏疗病、杏仁蜂等病虫害。浅耕1次树盘,有利于提高地温和保持土壤水分。在萌芽前(开花前10天)对树体贮存营养不足的杏树每株追施0.25~0.5kg的尿素,提高坐果率,促进新梢生长。追肥后有条件的灌1次水,没有灌溉条件的可采用穴贮肥水来解决肥水问题,保证开花和坐果对水分的要求。

春季萌芽前喷施1次5°Bé的石硫合剂防治病虫害。成龄大树每隔1~2年在萌芽前刮1次树皮,即可防治病虫害,也能促进树体生长。

在萌芽前后,对于品种较差或缺乏授粉树的低产杏园进行高接更换品种或改接授粉树,通常采用劈接或皮下接的方法。

二、萌芽及开花期

萌芽开花期管理任务主要有防霜冻、人工辅助授粉、保花和防治病虫害等。

花期霜冻是杏生产的主要限制因子。常用防霜冻措施有:熏烟法、喷水法以及在花芽露白期喷石灰浆(生石灰与水的比例为1:5)等延迟花期,避开晚霜。

杏树自然坐果率低,人工辅助授粉是提高产量的重要措施。大面积授粉时可采用液体喷雾法授粉。最好采用花期放蜜蜂和角额壁蜂的方法,也可在杏树盛花期使用50mg/kg赤霉素、0.3%硼砂、0.3%磷酸二氢钾,可明显提高坐果率。

在萌芽开花期注意防治杏星毛虫、杏象鼻虫,在做好刮树皮、早春翻树盘和树干涂白的基础上,尽可能人工捕杀。有杏疗病发生的杏园可在杏树展叶后喷布1~2次1:1.2:200波尔多液进行预防。

三、果实发育及新梢生长期

果实发育期管理主要任务有疏果、生长季修剪、土肥管理、病虫害防治等。

杏树疏果可在花后 25~30 天一次完成，生理落果重的品种，如骆驼黄杏则宜适当晚些进行。一般短果枝留 1 个果，中果枝留 2~3 个果，长果枝留 4~5 个果。也可按距离进行，即小型果（30~49g）间距 7cm，中型果（50~79g）间距 10cm，大型果（80~109g）间距 13cm。鲜食的产量每亩控制在 1 000~1 500kg 为宜。抽生新梢后，及时抹除竞争枝、剪锯口处萌发的嫩芽或新梢。6 月后对幼树和初结果树的骨干枝进行拉枝开角。对徒长枝、强旺枝及直立新梢长至 30~50cm 时摘心，一年可进行 2~3 次，可通过摘心，促发分枝，培养结果枝组。对于生长过旺的大枝可在新梢进入旺长期前，采取绞缢方法进行控制。

果实发育期间可追肥 2 次。在幼果膨大期追施 1 次氮、磷、钾复合肥，在果实生长后期追 1 次磷肥、钾肥。全年氮、磷、钾的适用比例控制在 2∶1∶3 为宜。

在幼果长到豆粒大小时，喷洒杀虫剂防治杏仁蜂等食心害虫。在果实发育期间每半个月喷洒 1 次甲基硫菌灵、多菌灵等杀菌剂，防治杏褐腐病、疮痂病等。间隔一段时间喷洒中生菌素防治细菌性穿孔病。

杏果的成熟期正值炎热季节，果实柔软多汁，因此采收技术非常重要。一是采收成熟度要控制好，鲜食杏外运以七分熟至八分熟为宜。制作糖水罐头的杏果，应在绿色褪尽、果肉尚硬，即八分熟时采收。仁用杏应在果面变黄，果实自然开口时采收。

四、果实采收后

主要任务有秋施基肥、保护叶片以及采取树体越冬保护措施等。

对立地条件不好的杏园，可结合秋施基肥进行扩穴深翻。每亩施入有机肥 3 000~4 000kg，再加复合肥 80kg。同时修好树盘以积蓄冬季雪水。

果实采收后加强对叶片的保护，防止因病虫为害造成落叶，影响花芽分化和树体营养积累。

落叶后，将病枝、病叶和病果及果核残体集中销毁或深埋，对树体主干和主枝进行涂白防护。土壤结冻前灌一次封冻水，提高树体越冬性。

五、杏果采收及商品化处理

杏果后熟速度快，不耐贮藏，致使鲜果供应期短，采收后若不及时采取有效的贮藏保鲜管理措施，就会造成严重的经济损失。因此，搞好杏果的采后管理与产品加工，对于延长市场供应期，丰富杏果产品的种类，具有十分重要的意义。

果实的采收是果树栽培上的最后一个环节，同时又是果品商品化处理上的最初一环。采收时期与果实的产量和品质有着密切的关系，因此只有适时采收，才能获得优质果品。

1. 采收期

合适的采收时间既可以保证减少损失获得最高的产量，又可以保证有良好的杏果质量。采收时间的确定一般决定于品种的成熟期、果实的消费方向（鲜食、加工、当地市场出售、远销外地或出口等）、天气条件和运输方法等。

杏果内部物质的积累，与外部形态变化有一定的相关性。一一般来说，杏果采收过早，果实色泽浅、酸度大、果肉硬、无香气、品质差、产量低、营养物质积累不充分，达不到鲜食和加工的标准要求。采收过晚，果肉变软，机械损伤会加重，不耐贮运，影响果实的质量。只有适时采收，才能获得丰产、优质和耐贮运的果实。

（1）杏果的成熟度。按杏果的用途，可分为3个成熟度。

①可采成熟度：此时果实大小与体积已基本固定，但没有完全成熟，果肉仍较硬，应有的风味、色泽和香气还没有充分表现出来。

②食用成熟度：果实已基本成熟，表现出该品种的固有色泽和香味，营养成分含量已达到最高点，风味最佳。

③生理成熟度：果实在生理上达到完全成熟，果实肉质松软，风味变淡，不宜食用，可供采收种子用。

（2）确定鲜食杏果成熟度的方法。杏果在成熟过程中，判断其成熟度的方法很多，生产者可根据需要自行掌握。

①果皮色泽：果实成熟时，果皮由绿色或深绿色变成黄色、青白色或红色，即达到该品种的固有色彩。这可作为确定果实成熟度的色泽指标，但不可作为确定果实成熟度的可靠指标，因为色泽的变化受日光和土壤水分情况的影响较大。

②果肉硬度：用果实硬度计测量果实硬度，若硬度降低，则表示果实已开始成熟。

③果柄脱落难易程度：果实成熟时，果柄和果枝间形成离层，稍加触动，果实即可脱落，这时极宜采收。

④果实发育天数：从盛花期到果实成熟的天数是果实的发育期。每个品种都有固定的发育天数，发育天数够了，果实也就成熟了。

确定杏果的适宜成熟度，不能只根据某一个指标来判定，因为果实的性状表现受环境条件、栽培技术的影响较大。只有根据果实的生育期、色泽、硬度、风味和芳香味等方面进行综合判断，才能比较准确地确定杏的成熟度。

（3）采收期的确定。确定采收期一方面要根据果实的成熟度，另一方面要看市场或加工需要、运输距离、天气变化和劳力安排等情况而定。

①食用杏果的采收期：产销两地距离较近时，杏果所采收的成熟度可高些，采收时间不要提早，使果实的色、香、味都可充分地表现出来，产量和品质均达到最高水平；当产销两地距离较远时，则所采杏果的成熟度要低些，采收时间要适当早一点，一般在七八成熟即可采收，以减少运输途中的损失。

②加工用杏果的采收期：由于加工产品不同，其采收期也不同。但不论加工什么产品，都必须严格掌握适宜的成熟度，根据加工的需要来确定杏果的采收期。

2. 采收方法

杏果的采收方法主要有传统的人工采收和机械采收两种。人工采收在采摘时容易做到轻拿轻放，可以在果实成熟度比较高时采摘，但是需要很多的劳力，工作效率低且劳动强度也大。同一棵树上的果实，由于花期不同或生长部位不同，不可能同时成熟，分期采收不仅可以提高产品的质量，又可增加产量。一扫光的采收方法是不符合果实成熟客观规律的。采收方式应从树冠由下至上、由外至里。机械采收省工，可以大大提高工作效率，但是利用这种方法不能到果实完全成熟时才采收，要适当早采，且造成机械伤相对增加。现在国外采收加工用杏及仁用杏多用机械采收。采收原理：机器摇骨干枝，使果实从离层处断裂落下，用适宜的接果架将果实接住，由输送带送入分级机，最后进入果箱。接果架的铺衬物可以是帆布或膨胀气袋等，使得果实着落时不致撞伤。我国一些杏产区也有采用在树下几人拉一床单，一人在树上振落果实的方法进行采收的。机械采收可采用一次采收法或二次采收法，一次采收法一般比较粗放，约可得 80% 的适熟果；二次采收法是第一次摇动集中于树冠上部（因为上部果实成熟），而第二次则全部采收。采用何种采收应根据其用途来决定。如杏制罐头时，对外伤等要求不严（罐头厂只要在 24h 内能够得以处理就行），可采用机械采收。制干杏需要完全成熟的果实（软熟），所以以人工采收为好。需要进行贮藏或长途运输的果实，应用人工采收的方法在八成熟时采摘，以减少机械损伤。仁用杏可以在完熟时用机械采收或人工打落，但应注意不可早采，否则杏仁发育不充实，长成瘦秕的杏仁。仁用杏采下后，要及时取出杏核，杏肉可制干，杏核要及时晒干，待种仁晒干后即可贮存。

杏果最好在晨露消失后，天气晴朗的午前进行采收。如果在阴雨、露水未干或浓雾时采果，此时果皮细胞特别膨胀，易造成机械损伤，且果实表面潮湿，便于病原微生物侵染而发病。如果在大晴天的中午或午后采果，果实温度过高，田间热量不易散发，这都可能促进果实腐烂而造成损失。另外，还应避免采前灌水。

杏果采收后，不要在太阳下暴晒，要及时将果实放到阴凉的地方进行预冷，使果实内部的热量散出，降低果实的温度，有利于运输和贮藏时控制适宜的温度，降低烂果率。

3. 采后商品化处理

杏果采收后，要对果实进行分级、包装及贮藏保鲜技术，这对减少运输损耗、延长贮藏寿命、提高商品价格等方面来说具有重要意义。杏属于不耐贮藏的果品类，极易变软腐烂。目前在杏果贮藏方面的研究进展很缓慢，现在较为有效的手段还是冷藏，但贮藏期限也仅有 1~3 周，据国外有关报道，贮藏时间最长的是减压贮藏，可以贮藏 90 天，但至今还未应用于生产。杏的营养丰富，很受人们的喜爱。杏除鲜食外还可以加工成具有独特风味的产品。对加工用杏果实的要求：色泽橙黄、质地致密、果肉比率高、果核易分离、纤维素含量少，每 100g 果肉多元酚含量不大于 0.5mg。

第三节　病虫害防治技术

一、杏树主要病害

(一) 杏褐腐病

1. 识别与诊断

杏褐腐病主要为害果实，也侵染花和叶片，果实从幼果到成熟期均可感病。发病初期果面出现褐色圆形病斑，稍凹陷，病斑扩展迅速，变软腐烂。后期病斑表面产生黄褐色绒状颗粒，呈轮纹状排列，病果多早期脱落。

2. 防治方法

(1) 人工防治。合理修剪，适时夏剪，改善园内光照条件，冬季清理病果落叶，集中烧毁，消灭病源。

(2) 药剂防治。杏树芽萌动前，喷 4~5°Bé 石硫合剂或 1:1:100 波尔多液，杏落花后立即喷 80% 代森锰锌可湿性粉剂 800 倍液，以后每 10~14 天喷 1 次 50% 多菌灵可湿性粉剂 600 倍液或 70% 甲基硫菌灵可湿性粉剂 600~800 倍液或 75% 百菌清可湿性粉剂 500~600 倍液。

(二) 杏疮痂病

1. 识别与诊断

病菌主要为害果实和新梢，幼果发病快而重，染病果多在肩部产生淡褐色圆形斑点，直径 2~3mm，病斑后期变为紫褐色，表皮木栓化，发病严重时常多个小病斑连成一片，但深入果肉较浅。新梢上的病斑褐色，椭圆形，稍隆起，常发生流胶。

2. 防治方法

参照杏褐腐病。

(三) 杏瘤病

1. 识别与诊断

此病发生于新梢、叶片、花和果实上。一般于落花后新梢长达 15cm 以上时病状始显。受害嫩梢伸长迟缓，初呈暗红色，后变为黄绿色，上生黄褐色微突起小点，病梢易干枯，其上所结果实滞育并干缩、脱落或悬于枝上。

2. 防治方法

当梢、叶初显病症时及时剪除，并集中烧毁，如此连续 2~3 年，可基本控制。

(四) 杏细菌性穿孔病

1. 识别与诊断

该病主要为害叶片，也为害果实和新梢。叶片受害后，病斑初期为水渍状小点，以后扩大成圆形或不规则形病斑，直径约 2mm，周围似水渍状，略带黄绿色晕环，空气湿润时，病斑背面有黄色菌脓，病健组织交界处发生 1 圈裂纹，病死组织干枯脱落，形成穿孔。

2. 防治方法

(1) 多施有机肥，合理修剪，使果园通风透光。

(2) 结合冬剪剪除树上病枯枝。

(3) 杏树发芽前，全树喷 3~5°Bé 石硫合剂，或 1∶1∶100 波尔多液，铲除在枝溃疡部越冬病源；生长季节，从杏脱萼期开始，每隔 10 天喷一次硫酸锌石灰液（硫酸锌 1 份、石灰 4 份、水240份），70%代森锰锌可湿性粉剂700倍液或65%代森锌可湿性粉剂500倍液。

二、杏树主要虫害

（一）杏仁蜂

1. 识别与诊断

果实成熟前幼虫蛀害杏果，引起早落。

2. 防治方法

（1）及时拾落果，并深埋。

（2）5月杏果如豆粒大时，喷2.5%溴氰菊酯乳油2 500倍液或20%氰戊菊酯乳油2 000倍液，时值幼虫产卵期，效果良好。

（二）杏象甲

1. 识别与诊断

4—6月成虫食害嫩芽和花蕾，落花后产卵，为害果实。

2. 防治方法

（1）开花期人工捕捉成虫。

（2）勤拾落果，并及时毁灭。

（3）早春发芽前越冬幼虫出土期，可用5%辛硫磷粉剂5~8kg/亩直接在树冠下施于土中。成虫羽化期，树体选择喷洒下列药剂：50%辛硫磷乳油1 000~1 500倍液，50%敌敌畏乳油500~800倍液，20%甲氰菊酯乳油2 000~3 000倍液，2.5%溴氰菊酯乳油2 000~2 500倍液，2.5%氯氟氰菊酯乳油1 500~2 000倍液，每7~10天喷1次，共喷2次。

（三）杏球坚蚧壳虫

1. 识别与诊断

一年发生一代，以若虫在枝条粗糙皮部越冬，4月开始吸食枝梢汁液，严重时整枝枯死。

2. 防治方法

（1）5月上旬当虫体尚软时用硬刷刷除。

（2）早春发芽前喷 5°Bé 石硫合剂或含油量为 5% 的柴油乳剂。

（3）幼虫孵化期喷 0.3~0.5°Bé 石硫合剂。

（4）可喷施专杀药剂进行防治，如吡虫·噻嗪酮等效果最佳。马拉硫磷也有效，但效果差，并且需要在蚧类为害初期喷施才有效，一旦它们的蜡质形成后，一般的药剂难以渗透发挥作用。

第六章 樱桃树的栽培与病虫害防治技术

第一节 栽植技术

一、园地选择

樱桃园地不选择盐碱地。有轻微盐碱的，在选择苗木时，应选抗盐碱能力较强的砧木。园地周边要有灌溉用水或能打深机井。园地能排出水，平原地区的园地周边要有大而深的排水沟。地下水位要求在1.5m以下。活土层要求达40cm以上，不足的要深翻改造。土壤有机质含量在1.5%以上，不足的建园前要增施有机肥（粪）改造或通过后期管理逐步提升。尽量不选黏重土壤；不选低洼、易遭霜冻以及风口、风大的地块。

二、授粉树配置

除自花授粉品种可以单一栽培外，樱桃园至少要栽培3个品种，以保证品种间相互授粉。大面积果园栽培品种要5个以上，而且成熟期要错开，以防采收时用工紧张。若栽3个品种，主栽品种与其他品种的比例为4∶3∶3或4∶2∶1。

三、栽植时间与技术

春季土壤解冻后立即栽植，栽植过晚，影响成活。栽时挖小穴，不施肥（防止果农施底肥烧根），栽植比苗木圃内深度略深3cm左右。栽后灌水，扶直苗木，地面干燥后修整地面，树盘可覆盖黑色地膜保墒。枝条充实的2年生优质苗木和多年生分枝苗木，也可秋冬（苗木落叶后）栽植。营养钵苗木，可在割麦后或农作物收获后立即栽植，经过夏秋季节的生长，第2年采取不定干细长纺锤形或高纺锤形整形，能实现早成形、早结果、早丰产。

四、苗杆固定

1. 支架设置

（1）水泥柱。用3m高的水泥柱，下埋50cm，每隔8m设立1根，水泥柱上面拉4道钢丝，最底部一道距地面30~40cm。钢丝除用于固定幼树中心领导干外，主要用于中心干上的侧生枝开角，所以最底部一道钢丝不宜太高。

（2）圆木。结合后期单线拉链式或单线固定式防雨棚建设，采用4m高的圆木，下埋50~60cm，每隔8m设立1根，圆木顶部拉1道钢绞线，下部拉4道钢丝。

（3）竹竿。用3m高的水泥柱、圆木或镀锌钢管，下埋50cm，每隔8m设立1根，柱的中上部拉1道钢绞线或钢丝，每棵苗木旁立1根竹竿。

设置支架不仅有利于固定苗干，以防大风吹倒，而且有利于中心干上的侧生枝开角及果园机械割草。

2. 拉绳固定

对于不设支架的果园，可采用尼龙绳三角方位扦拉固定，随着树体生长、枝条增粗，逐年上升固定点，直至适宜高度为止。最初扦拉时尼龙绳必须留有一定的余长。

第二节 土肥水管理技术

一、土壤管理

1. 土壤改良

甜樱桃对土壤的酸碱度有一定的要求,pH 值为 6.0~7.5 的土壤最适合甜樱桃生长。但如果土壤的 pH 值超过 7.8,则需改良土壤。沿海地区气候较适于甜樱桃生长发育,但往往存在不同程度的土壤盐碱化。有效的改良方法:在定植前挖沟,沟内铺 20~30cm 厚的作物秸秆,形成一个隔离缓冲带,防止盐分上升,大量施用有机肥,可以有效降低土壤的 pH 值;在施钾肥时,采用硫酸钾,施用氮素化肥采用硫酸铵;勤中耕松土,切断毛细管,减少土壤水分蒸发,从而减少盐分在表土的集聚;采用地面覆草、地膜覆盖、种植绿肥等方法,均可有效改良盐碱土壤。

2. 果园深翻

甜樱桃园深翻,一是可以保持土壤的疏松透气,改善土壤的透水性和保水性,有利于根系生长,有利于土壤微生物的活动;二是结合秋施基肥,增加土壤厚度,保持施肥均匀;三是深翻时可以适当断根,起到增生深根的作用。提倡秋季深翻,结合深翻撒施土杂肥,或埋入作物秸秆等,全面提高土壤有机质含量。深翻的深度以不伤及大根为限,粗度在 1cm 以上的根切断后伤口不易愈合,大的伤口也易感染根癌病。靠近树干基部的地方要浅一些,越往外可以越深。此时正值发根高峰,切断的根愈合能力强。

3. 地面覆盖

果园覆草,有利于保持水土,减少土壤养分和水分的流失;

利于提高土壤团粒化程度，改善根际环境，提高土壤肥力，改善和稳定土壤水分状况，减轻裂果。覆草宜在麦收后进行，可供覆用的材料有麦糠、麦秸、铡碎的稻草、秫秸等。覆草宜在树盘内进行，覆草前结合土壤灌水、中耕，将覆草平铺在地面上，厚10~20cm，其上撒厚约1cm的土，以防风吹、防火。秋季深翻果园时，将覆草翻入土中。山地等浇水条件较差的樱桃园常采用地膜覆盖的方法。覆膜前，先整好树盘，灌水后，覆盖厚度为0.07mm的聚乙烯薄膜于树盘上，四周用土压实。一般沿行间，以树体基部为界，两面各覆一层。一年后薄膜老化破裂后，再更换新膜。在特别瘠薄干旱的山地果园，早春为了便于追肥灌水，可结合地膜覆盖挖穴贮肥水。

4. 果园生草

果园生草是目前甜樱桃园提倡的土壤管理措施之一，是现代果园土壤管理制度的重要变革，也是果园减肥增效的一种有效手段。可采用全园生草、行间生草和株间生草等模式，具体模式应根据果园立地条件、管理条件而定。生草的种类很多，近几年有用黑麦草、羊茅草等禾本科牧草的，也可用豆科和禾本科牧草混播或与其他有益草种搭配。果园生草应当控制草的长势，适时进行刈割并覆于树盘。一般一年刈割2~4次，灌溉条件好的可多割一次。长期生草易使土壤板结，透气不良，草根大量集中于表层土，使果树表层根发育不良，因此，几年后宜翻耕休闲一次。

二、施肥

1. 幼树施肥

为了使苗木定植后的前1~2年内树体生长健旺，生长季节有后劲，最好在苗木定植前株施腐熟的鸡粪2~3锹，与土拌匀，然后覆一层表土再定植苗木，或定植前株施 0.5kg 复合肥或全元化肥，或定植前全园每亩撒施 5 000kg 的腐熟鸡粪或土杂粪，深翻后再定植苗木。5 月以后要追施速效性肥料，结合灌水，少施勤施，防止肥料烧根。为了促进枝条快速生长，不能只追氮肥。虽然甜樱桃对磷的需求量远低于氮、钾，但适量补充磷肥，有利于枝条充实健壮。一般采用磷酸二铵和尿素的方式追肥，每次株施"磷酸二铵+尿素"0.15~0.2kg。

2. 结果树施肥

9 月施基肥，以有机肥为主，配合适量复合肥、钙硼肥。每亩施土杂粪 5 000kg+复合肥 100kg，撒施后再深翻。盛花末期追施氮肥，株施碳酸氢铵 1.5~2kg，结合浇水撒施。硬核后的果实迅速膨大期至采收以前，结合灌水，每株撒施碳酸氢铵 0.5kg 两次。采果后，每株放射状沟施人粪尿 30kg 或甜樱桃专用肥 5kg 或复合肥 1.5~2kg。在土壤不特殊干旱条件下要干施，即施后不浇水。从初花到果实采收前，叶面喷施吡唑醚菌酯（腐植酸类含铁等微量元素的叶面肥）800 倍液 4 次，间隔时间 7~10 天，早中熟品种 7 天、晚熟品种 10 天，也可施用含腐植酸水溶肥（高美施）等其他叶面肥。应当强调的是，种植甜樱桃可获得较高的经济效益，果农也舍得投入，在提倡"春天萌芽前不施肥，秋施有机肥加化肥一次施足"的前提下，秋施基肥要足量，但千万不要过量施用肥料，尤其是过量的化肥，否则容易烧根、死树。

三、灌水

果园灌水的方法很多，甜樱桃园常见的灌水方法有漫灌、微喷和带状喷灌。在行间放大水漫灌，是甜樱桃生产园最常见的灌水法。漫灌影响土壤的通气性，影响根系呼吸，从而影响根系及树体生长。一般可在行间修灌水沟，将整理水沟的土垫在树盘处，使株间的土高于行间，这样可使水逐渐渗入到根茎周围，从而减少对土壤透气性的影响，也能进一步减轻果实迅速膨大期至采收前遇旱灌水引起的裂果。微喷是集约化栽培果园采用的浇水施肥方法。将特制耐老化的塑料管埋入果园地面下，每株树盘安装一个高约30cm的喷头，在需要浇水时，打开进水开关进行喷水。喷头的质量，影响其使用寿命；雾化水的好坏，影响喷射效果。微喷，可以拟控制喷水量，而且喷水均匀又节水，可保持土壤疏松、土结构和土壤肥力，还可调节小气候，减少低温、干热对甜樱桃的危害；在晚霜来临之前，采取喷2min停2min的间歇喷射法，可延迟樱桃开花，从而避免霜冻。带状喷灌方法和特点与微喷有点相似，微喷的管道埋入地下，带状喷灌是将水带放在地面上，可随时收起，随时铺放。水带上有不同高度的出水眼，将水带管头接在出水口上，即可进行喷灌。带状喷灌比微喷投资少，可随时收，且不易被盗。

　　对于微喷和带状喷灌，可根据土壤墒情和气候随时灌水。对于漫灌，可分为花前水、花后水、采前水及秋施肥水等。花前灌水，因气温低，灌水后易降低地温，使得甜樱桃开花不整齐，影响坐果，所以，花前在土壤不十分干旱的情况下，尽量不灌水，若需灌水，灌水量宜小，最好用地面水或井水经日晒增温后再灌入。谢花后至果实采收前，坐果、果实膨大、新梢生长都在同时进行，是甜樱桃对水分最敏感的时期，称需水临界期。通常谢花后要灌水，硬核期不灌水，果实迅速膨大期至采收前依降雨情况灌水1~2次，正常年份灌水2次。9月秋施基肥后灌1次透水。若遇到秋旱的特殊年份，也应该灌1次水。土壤封冻前，因甜樱桃根系浅、休眠早，不灌封冻水。否则，因冬季土壤水分蒸发量小，灌水后会影响根系呼吸。采果后的短期内，正值花芽分化期，要控水。而刚定植的苗木，及时补充水分非常重要。地面下根际周围的土壤,若手握不成团,就容易"吊干死"苗木,这也是甜樱桃苗木栽植成活率低的一个主要原因。有经验的果农称苗木定植后要浇"黄瓜"水,即见地皮干就浇水,水后划锄,过3~5天再浇水,可多次浇水,保证苗木成活及促进树体枝条快速生长。对于幼旺树,后期要控水,以免植株旺长,影响成花,防止越冬"抽条"。在土壤不十分干旱的情况下,以下2个时期不宜灌水:土壤化冻后至开花前;6月、7月的花芽分化期。甜樱桃树最怕积水受涝,涝害后出现黄叶、萎蔫、死枝、树体生长不良、产量降低,甚至死树等现象,造成果园不整齐,单产较低。受涝后,能加重流胶病的发生。所以,樱桃园必须排水畅通,保证雨后水即时排出,最迟在2h内排净,确保园内不出现积水现象。若遇大雨,自然排水不畅的情况下,应设法人工排水,必要时采取动力抽水的方法,保证园内不积水。

第三节 整形修剪技术

一、常用树型

1. 小冠疏层形

干高40~60cm,树高3m,冠径4m。全树5~8个主枝,分3层排列。第一层3个主枝,配备2~3个侧枝;第二层2个主枝,配备1~2个侧枝;第三层不留侧枝。树体结构简单,整形易、成形快、结果早、产量高,适宜露地宽行密植栽培或大棚栽培。株行距:3m×4m。

2. 自由纺锤形

树体结构特点为:中心干直立粗壮,树高3m左右,干高50~60cm,中心干上着生25~30个近水平单轴延伸的骨干枝。该树形骨干枝数量多，有利于骨干枝粗度的控制。骨干枝间没有明显的分层，树体结构紧凑，空间利用充分。低干矮冠便于修剪和采收，树体抗风力强。常用的株行距为3m×4m。纺锤形整形过程简单，整形快、结果早、品质优、高产稳产，是世界各地普遍推广的树形。

3. 主干疏层形

主干疏层形有主干和中心干。主干高50~60cm，树高2.5~3.0m。全树有主枝6~8个，分3~4层。第一层有主枝3~4个，主枝角度为60°~70°，每一主枝上着生4~6个侧枝。第二层有主枝2~3个，角度为45°~50°，每一主枝上着生2~3个侧枝。层间距为60~70cm。第三层和第四层，每层有主枝1~2个，主枝角度为30°~45°，每主枝上着生侧枝1~2个，层间距45~50cm。在各主、侧枝上配备结果枝组。

二、不同树龄的修剪技术

（一）幼龄树的整形修剪

幼龄阶段的主要任务是养树，即根据树体结构要求，培养好树体骨架，为将来丰产打好基础。修剪的原则是轻剪、少疏、多留枝，应根据所选的树形采取不同的修剪方法。

（1）对主枝延长枝应促发长枝，扩大树冠。

（2）背上直立枝生长势很强，应极重短截培养成紧靠骨干枝的紧凑型结果枝组，也可将其基部扭伤拉平后甩放培养成单轴型结果枝组。

（3）中庸偏弱枝一般长势趋缓，分枝少，易单轴延伸，可培养成结果枝组。

（4）拉枝开角，缓和长势，提高萌芽，增加短枝，促进成花，提早结果。

(二)盛果期树的修剪

樱桃大量结果之后,随着树龄的增长,树势和结果枝组逐渐衰弱,结果部位外移。此时,在修剪上应采取疏枝回缩和更新的修剪方法,维持树体长势中庸。骨干枝和结果枝组是继续缓放还是回缩,主要看后部结果枝组和结果枝的长势及结果能力。如果后部的结果枝组和结果枝长势好,结果能力强,则外围可继续选留壮枝延伸;反之,若后部的结果枝组和结果枝长势弱,结果能力开始下降时,则应回缩。

进入盛果期后,树体高度、树冠大小基本上已达到整形要求,此时,应及时落头开心,增加树冠内膛的光照强度,对骨干延长枝不要继续短截促枝,防止果园群体过大,影响通风透光。盛果期树的结果枝组在大量结果后,极易衰弱,特别是单轴延伸的枝组、下垂枝组衰老更快。对衰老失去结果能力的或过密的枝组可进行疏除,对后部有旺枝、饱满芽的可回缩复壮。盛果期大树对结果枝组的修剪一定要细致;做到结果枝、营养枝、预备枝3枝配套,这样才能维持健壮的长势,丰产、稳产。

(三)衰老树的修剪

树体进入衰老期后,应有计划地分年度进行更新复壮。利用樱桃树潜伏芽寿命长易萌发的特点,分批在采收后回缩大枝。大枝回缩后,一般在伤口下部萌发新梢,选留方向和角度适宜的1~2个新梢培养,代替原来衰弱的骨干枝,对其余过密的新梢应尽早抹掉。对保留的新梢长至20cm时进行摘心,促生分枝,尽早恢复树势和产量。如果有的骨干枝仅上部衰弱,中下部有较强分枝时,也可回缩到较强分枝上进行更新。更新的第二年,可根据树势强弱,以缓放为主,适当短截选留骨干枝,使树势尽快恢复。

(四) 放任树的修剪技术

放任树是指栽植 7 年以后未按要求进行整形，或根本未进行修剪的树。对这种树的修剪，首先要疏除过密大枝和外围的竞争枝，解决树冠内部的通风透光问题，如果中心干过强，可在适当部位开心。其次把大枝拉成接近水平，由于大枝很粗，不易撑拉，可先在大枝基部距分枝点 20~30cm 处劈裂 20cm 左右，然后均匀用力将枝拉成所需角度。拉枝开角后，抑制了新梢过旺的营养生长，有利于光合产物积累，更主要的是解决了树冠内的通风透光问题，提高了花芽的质量。经过上述处理，当年便大量形成结果枝，第二至第三年便可大量结果。

第四节　花果管理技术

甜樱桃的花果管理，主要通过了解花芽分化、成花及果实发育特点，从而采取相应的措施促花保果，增大果个、预防裂果，改善和提高果实品质，增加产量，达到提高经济效益的目的。

一、花芽分化及促花措施

樱桃的花芽分化包括生理分化期和形态分化期 2 个阶段，要正确掌握甜樱桃的花芽分化时期。长期以来，人们一直以为甜樱桃是在果实采收后 10 天左右，花芽开始大量分化。实际上，这是一个认识误区。经研究人员多年观察表明，甜樱桃在落花后 20~25 天就开始进入花芽分化期，落花后 80~90 天花芽分化就基本完成。根据甜樱桃花芽分化的这一个规律，不但要重视采收后的肥水供应，而且更要重视在花芽分化关键时期（幼果至采收期）加强肥水管理，应在施足底肥和花前追肥的条件下，于落花后 10~15 天开始，至采收后一个月左右的这一期间，每隔 7~

10天增施一次叶面肥，使花芽分化所需的营养得到及时、充分的补充。

甜樱桃当年生新梢基部1~5芽或1~7芽容易形成腋花芽，对形成早期产量非常有益。一年生枝条甩放后，顶端易萌发"五叉头式"的多个新梢，根据新梢基部易形成腋花芽的特点，留一旺梢继续向外延伸，对于其他新梢，采取多次摘心的方式，控制生长，促进成花。1年生枝条甩放后，除背上萌生少数旺梢外，其他芽眼萌生叶丛枝，部分叶丛枝当年能形成花芽，其成花规律是从甩放枝顶端向枝条基部的顺序成花，即枝条中上部（或中前端）的叶丛枝易成花，中下部难成花；中后部的叶丛枝生长势力弱，叶片数量少、叶面积小，生长几年后容易死枝（芽），形成局部光秃带。这一特点，迫使生产栽培者在整形修剪中必须采取相应的措施，防止光秃带形成。1年生枝短截，剪口下萌发几个新梢，背下部萌生叶丛短枝当年也能成花。当所萌发的新梢长势较旺时，由于树体自身养分分配，下部的叶丛枝生长较弱，影响成花数量。中干上"刻芽"，为了促生旺条、填补空间，但有时个别成不了长梢，而形成较好的叶丛枝，当年也能成花。

适时增大新梢开张角度，是甜樱桃重要的成花措施。幼树中心干上发出的新梢，待新梢长到30~40cm时，用牙签及时将新梢撑开至80°~90°，强旺梢早开角，中弱梢晚开角。成龄树一般在萌芽前树液流动后进行一次性拉枝开角。大粗枝开角可在休眠期用连二锯的办法开角。对甩放枝条端萌发的"五叉头式"新梢及背上新梢留7片叶以上摘心，促使下部形成腋花芽。一般当外围新梢长到30~50cm时，留20~30cm进行1~2次摘心。生长后期喷布植物生长调节剂，控制旺长、促成成花，提早丰产。盛花期对主干进行直径1/20~1/15的环剥，也能促进成花。

二、防晚霜危害

晚霜冻害是露地果树生产面临的共同难题,经常因花期冻害而大幅度减产,花期较早的樱桃、杏、李、桃等表现尤为明显。甜樱桃的晚霜冻害主要表现为花芽冻害、花冻害以及果实冻害。有如下预防措施。

(1) 密切注意天气预报。

(2) 在霜冻出现之前果园充分灌水,以提高果园内温度,减轻霜害。

(3) 在果园内不同方位放几个大铁桶,桶内装有锯末、麦草等,在霜冻来临之前,点燃桶内之物,进行熏烟,减轻霜害。

(4) 采取措施推迟开花期,避开晚霜,也是有效方法。如花芽露白时,喷5%石灰水,可推迟花期3~5天;早春果园灌井水,降低地温,可推迟花期3~5天。花芽膨大期喷500~1 000mg/L青鲜素,可延迟开花4~6天。萌芽前喷0.5%氯化钙或萘乙酸钾盐250~500mg兑水1kg。早春果园覆20cm厚的稻草、麦秸或铡碎的秸秆等,用水浇湿并压一层薄土,可推迟花期4~6天。

三、提高坐果率措施

甜樱桃多数品种自花结实率很低,需要异花授粉才能正常结实,因此,在生产中需要采取一定的措施来提高其坐果率。首先是合理配置授粉树,一般主栽品种占60%,授粉品种占40%。其次是加强栽培管理,控冠促花。通过加强土肥水管理,尽可能使树体贮藏充足的有机营养。通过甩枝、短截、刻芽、摘心、环剥等栽培技术措施控制营养生长,促进成花,特别是对4~5年生的强旺树更应控冠促花,适时喷布新梢抑制剂、拉枝开角,防治病虫尤其叶部病害，疏花疏果，提高坐果率。花期喷施一次0.2%尿素+0.2%~0.3%硼砂液，能促进甜樱桃花粉发芽和花粉管的伸长，提高坐果率；或喷施一次10~20mg/kg的赤霉酸，能增强植物细胞新陈代谢，加速生殖器官的生长发育，防止花柄或果柄产生离层，减少花果脱落，提高坐果率。花期或花后还可以应用赤霉酸3袋（每袋1g）+氯吡脲2瓶（每瓶50mL）+苄氨基嘌呤3瓶（每瓶10mL）+对氯苯氧乙酸钠1袋（每袋1g）兑水20kg喷布，但不同品种喷布时期、浓度、次数有所不同，需要试验后喷布。花期放蜂及人工辅助授粉也是提高甜樱桃坐果率的重要措施。一般每公顷需蜜蜂3箱或3 000~5 000头。放蜂以壁蜂较好，壁蜂起始访花温度低，每天工作时间长，访花速度快，管理技术简单，在甜樱桃授粉中应用广泛。在开花前两天，将蜂箱搬到樱桃园里，让蜜蜂适应周围环境，在花期遇阴雨天、气温在15℃以下及风速大等不良气象条件时，蜜蜂很少活动，园内放蜂授粉的效果不佳，此时应进行人工辅助授粉。

第五节 病虫害防治技术

一、樱桃主要病害

（一）樱桃黑霉病

1. 识别与诊断

樱桃黑霉病主要发生在运输、销售及在树上过熟的果实，发病初期果实变软，很快呈暗褐色软腐，用手触摸果皮即破，果汁流出。病害发展到中后期，在病果间表面长出许多白色菌丝体和细小的黑色点状物，即病菌的孢子囊。

2. 防治方法

（1）适期采收果实，采收时轻摘轻放，尽量避免伤口，减少病菌侵染机会。

（2）采收后应将果实运送到阴凉处散热，并将伤果和病果剔除。

（3）药剂防治。在樱桃果近成熟时喷洒1次50%腐霉利可湿性粉剂1 000~1 500倍液、50%多菌灵可湿性粉剂800倍液、50%异菌脲可湿性粉剂1 500倍液或70%甲基硫菌灵可湿性粉剂700倍液，控制病害的发生。长距离运销的果实，在八成熟时采摘，并用山梨酸钾500~600倍液浸后装箱，可减少贮运期间病菌的侵染，从而减少发病概率。

（4）无论采收还是包装、运输，都要尽量避免高湿高温环境。

(二) 樱桃褐腐病

1. 识别与诊断

果实受害，果面初现褐色圆形病斑，后扩及全果，变褐软腐，致果实收缩，成为灰白色粉状物，病果易脱落，有的失水变成僵果，不脱落，最后变为黑褐色。花受害易变褐枯萎，天气潮湿时，花受害部位表面灰霉丛生，天气改变时，则花变褐萎垂干枯，似霜害残留在枝上。

2. 防治方法

（1）农业防治。结合修剪彻底消除病枝、僵果，集中烧毁以消灭越冬病原，同时进行深耕，深埋地上的病残体。

（2）药剂防治。樱桃树发芽前喷3~5°Bé石硫合剂，初花期、落花后喷洒53.8%氢氧化铜干悬浮剂1 000倍液、47%春雷霉素可湿性粉剂700倍液、50%百菌清可湿性粉剂700倍液、12%松脂酸铜乳油600倍液或25%多菌灵可湿性粉剂800倍液可控制果腐。

（3）及时防治害虫，减少病菌侵入机会。

(4) 成熟时小心采收，避免伤口，运输时应尽量避免碰撞、挤压产生新伤口，减少病菌贮运期侵染。

(三) 樱桃细菌性穿孔病

1. 识别与诊断

叶片受害，初呈半透明水浸状褐色小点；后扩大成圆形、多角形或不规则形，呈紫褐色或黑褐色，继后病斑干枯，脱落穿孔。果实受害，在果实表面出现褐色至紫褐色病斑。

2. 防治方法

（1）农业防治。避免偏施氮肥，多施有机肥、厩肥等，使果树枝条生长健壮，增强抗病力；合理修剪，使果园通风透光良好，以降低果园湿度；避免樱桃、桃、李、杏等果树混栽，以防病菌互相传染，给防治增加困难。

（2）人工防治。结合冬季修剪，剪除树上的病枯枝，以消灭越冬菌源。

（3）药剂防治。果树发芽前（萌芽期），全树均匀喷布 4~5°Bé 石硫合剂，或 1∶1∶100 波尔多液，或 50%福美双可湿性粉剂，以铲除在枝条溃疡部越冬的病菌。在樱桃果生长季节，从坐果开始，每隔 10 天喷 1 次硫酸锌石灰液（硫酸锌 1 份、石灰 4 份、水 240 份）500 倍液、70%代森锰锌可湿性粉剂 700 倍液。

(四) 樱桃小果病

1. 识别与诊断

感病的樱桃病果暗红色，有时为黑色，严重时为淡红色。病果在生长初期果形正常，到采收期比健果明显小，仅有健果大小的 1/3 或 1/2。果形变尖锥形，果肩部分多呈三角形。病果香味减少，部分果实不成熟。

2. 防治方法

（1）栽培无病毒苗木。病樱桃苗在37~37.5℃恒温下热处理3~4周，可脱去小果病毒。

（2）拔除病树。在苗圃及大棚内，一旦发现有病苗或病树，要及时拔除烧掉。

（3）药剂防治。发病初期，叶面喷洒83增抗剂50倍液或0.5%抗病毒1号水剂500倍液等。

（4）及时防治苹果粉蚧等介壳虫，可以减少此病的发生。

（五）樱桃疮痂病

1. 识别与诊断

果实染病初生暗褐色圆斑，大小2~3mm，后变黑褐色至黑色，略凹陷，一般不深入果肉，湿度大时病部长出黑霉，病斑常融合，有时1个果实上多达几十个。叶片染病生多角形灰绿色斑，后病部干枯脱落或穿孔。

2. 防治方法

（1）农业防治。合理修剪，剪除病梢，可减少菌源，改善通风透光条件；注意放风散湿，雨季注意排水，严防湿气滞留，降低园地湿度。

（2）药剂防治。桃树发芽前喷30%碱式硫酸铜悬浮剂500倍液或1∶2∶200波尔多液。落花后10~15天，喷洒80%代森锰锌可湿性粉剂500倍液，每隔15天喷1次，一直防治至7月。

二、樱桃主要虫害

（一）樱桃果蝇

1. 识别与诊断

樱桃果蝇属双翅目昆虫，成虫体长3~4mm，淡黄至黄褐色，主要为害樱桃果实，雌虫用产卵器刺破樱桃果皮，将卵产在果皮下,卵孵化后,幼虫由果实表层向果心蛀食,随着幼虫蛀食,果肉逐渐变褐腐烂。一般幼虫在果实内5~6天便发育成老熟幼虫,然后脱离果实化蛹,幼虫脱果后约留1mm蛀孔。

2. 防治方法

(1)农业防治。果园清理。在樱桃果实膨大期,及时清除果园内外的杂草、腐烂垃圾及落果烂果。对冬季修剪后的落叶、果枝集中深埋或者烧毁,结合秋冬季施肥,深耕土壤消灭果园地表的越冬果蝇蛹。

(2)物理防治。针对果蝇的趋化性,利用糖醋液诱杀成虫。诱杀主要从樱桃果实膨大着色期开始至樱桃采收结束,用90%敌百虫晶体20g、红糖500g、醋液50g、酒100g、清水10kg比例配制成糖醋液,将糖醋液盛于15cm以上口径的平底容器内,药液深度以3~4cm为宜,容器内放漂浮物以便成虫栖息、取食。装有糖醋液的容器一般放于樱桃园树冠荫蔽处,高度不超过1.5m,每3~5株树挂一个,定期清除容器内成虫,每7天更换一次糖醋液,虫量大或每次雨水后应及时补充。

(3)化学防治。4月初用90%敌百虫晶体1 000倍液、40%辛硫磷乳油1 500倍液等高效低毒农药喷雾果园地面和周边杂草,灭杀出土成虫,降低虫源基数。每次喷雾间隔15天,共喷2~3次。在果实成熟前15天对樱桃树冠内膛喷洒植物源杀虫剂0.6%苦参碱水剂1 000倍液(清源保)或1.8%阿维菌素乳油3 000倍液,加适量红糖可提高防治效果。

(二)樱桃实蜂

1. 识别与诊断

樱桃实蜂属膜翅目叶蜂科,成虫体长5~6mm,体粗壮,背面黑色。卵长椭圆形,乳白色,透明。初孵幼虫头深褐色,体白色透明;老熟幼虫头淡褐色,体黄白色,蛹长5mm左右,初为淡黄色，后变黑色，茧圆柱形。一年发生1代，以老龄幼虫结茧在土下滞育，12月开始化蛹，翌年2月下旬樱桃始花期羽化交尾，成虫将卵产于花萼表皮下，初孵幼虫从果顶蛀入果实，取食果核、果仁及果肉，果实内留有虫粪，果实顶部过早变红，易脱落。老熟幼虫咬圆形脱果孔脱落，坠落地面后入土滞育。

2. 防治方法

（1）农业防治。樱桃实蜂防治重点是压低虫口基数，控制虫情蔓延。2月上旬深翻树盘，灭杀即将出土的越冬老龄幼虫，减少越冬虫源。4月上旬幼虫尚未脱果时，及时清理摘除虫果深埋。

（2）化学防治。樱桃开花初期，喷施90%敌百虫晶体1 000倍液或50%辛硫磷乳油1 500倍液，防治羽化盛期的成虫。樱桃落花后，喷施1.8%阿维菌素乳油3 000倍液或2.5%高效氟氯氰菊酯乳油3 000倍液一次，防止幼虫蛀果。

（三）樱桃瘿瘤头蚜

1. 识别与诊断

樱桃瘿瘤头蚜属同翅目蚜科，无翅孤雌蚜头部呈黑色，胸、腹背面为深色，额瘤明显，内缘圆外倾，中额瘤隆起，腹管呈圆筒形，尾片短圆锥形，有曲毛3~5根。有翅孤雌蚜头、胸呈黑色，腹部呈淡色。腹管后斑大，前斑小或不明显。

2. 防治方法

（1）农业防治。加强果园管理，结合春季修剪，及时摘除有虫瘿的叶片，并带出园外深埋或集中烧毁。

（2）化学防治。樱桃树发芽至开花前，越冬卵大部分已孵化，及时往果树下喷雾10%吡虫啉可湿性粉剂2 000~2 500倍液或2.5%溴氰菊酯乳油1 500~2 500倍液，杀灭越冬卵。越冬卵孵化后尚未形成虫瘿之前，树上喷雾10%吡虫啉可湿性粉剂4 000倍液或1.8%阿维菌素乳油3 000倍液进行防治。

(四) 红颈天牛

1. 识别与诊断

红颈天牛属鞘翅目天牛科。成虫体长28~37mm，黑色有光泽，前胸背部棕红色。卵长椭圆形，长6~7mm，老熟幼虫体长50mm，黄白色，头小，腹部大，足退化。蛹体长36mm，初为乳白色，后渐变为黄褐色。幼虫孵出后先在韧皮部纵横窜食，然后蛀入木质部，深入树干中心，蛀孔外堆积木屑状虫粪，引起流胶，严重时造成大枝以致整株死亡。

2. 防治方法

6月下旬至7月中旬，人工捕杀中午静伏在树干上的成虫。冬季在主干上喷抹涂白剂（硫黄1份、生石灰10份、食盐0.2份、动物油0.2份、水40份）防止成虫产卵。在幼虫为害期间，对有鲜虫粪排出的蛀孔，用80%敌敌畏乳油200倍液浸泡棉球或磷化铝片剂进行堵塞，灭杀孔内幼虫。

(五) 桑白蚧

1. 识别与诊断

桑白蚧属同翅目盾蚧科。雌成虫体长0.9~1.2mm，淡黄至橙黄色。雌介壳灰白至灰褐色，有螺旋纹，壳点黄褐色。雄成虫体长0.6~0.7mm，翅展1.8mm，雄介壳细长，白色，长约1mm，背面有3条纵脊，壳点橙黄色，位于介壳的前端。卵椭圆形，长径仅0.25~0.3mm，初孵若虫淡黄褐色，偏椭圆形，2龄分泌绵毛状蜡丝覆盖虫体。一年发生多代，以雌成虫和若虫群集在枝干上吸食汁液，引起树势衰弱，甚至全株死亡。

2. 防治方法

冬季剪除虫害严重的枝条,用硬毛刷或细钢丝刷刷除枝干上的虫体。5月上中旬第一代幼虫孵化期喷雾22.4%螺虫乙酯悬浮剂4 000~5 000倍液或22%氟啶虫胺腈悬浮剂4 000~5 000倍液。

第七章 核桃树的栽培与病虫害防治技术

第一节 栽植技术

一、园地选择

核桃树对环境条件要求不严,只要年平均气温16℃以上,年降水量800mm以上均可种植。核桃对土壤的适应性比较广泛,但因其为深根性果树,且抗性较弱,应选择深厚肥沃、保水力强的壤土较为适宜。核桃树为喜光果树,要求光照充足,在山地建园时应选择南向坡为佳。

二、栽植方法

为了提早结果和提高单位面积产量,应推行矮化密植,并选用嫁接苗,方可提早丰产。嫁接苗定植后2~3年即可挂果,4~5年即可进入丰产期,而实生苗需8~10年方能挂果,15年才能进入丰产期。目前,密植园以株行距3m×5m或4m×5m(亩栽45株)为宜。核桃树为雌雄同株异花果树,且同一植株上雌花与雄花一般不同时盛开,故要求不同植株间进行授粉,因而,只有成片栽植的核桃园才能获得丰产。核桃以秋季(9—11月)或萌芽前定植最为适宜,在栽植前可先挖大穴(长、宽、深各80cm),分层压入有机肥、磷肥、泥土,然后定植于穴上,浇足定根水,并用杂草覆盖树盘以利成活。栽后要及时定干,防干旱死苗等。

第二节 土肥水管理技术

一、土壤管理

核桃园的土壤管理主要包括土壤耕翻及扩坑、换土等内容。

定植 4~5 年的幼龄核桃园,为促进幼树生长发育,做好及时除草和耕翻松土工作。种植间作物的果园,结合对间作物的管理进行除草。未间作的果园,根据杂草情况,每年除草 3~4 次。耕翻松土在每年夏、秋两季各进行一次,深度为 10~15cm,夏季可浅些,秋季则深些。

成龄核桃园的土壤管理主要是深翻熟化和水土保持。深翻方法是每年或隔年沿着根系大量分布区的边缘向外扩宽 40cm 左右,深度为 50~60cm,呈绕树干的半圆形或圆形沟,回填时,表土与有机肥填入底部,底土放在上面。

山地果园必须采取有效措施防止水土流失。主要方法有修梯田、挖鱼鳞坑等,各地可因地制宜采用。

二、施肥

1. 施肥量

一般来说,幼树对氮素的吸收量较多,对磷、钾的需要量偏少。随着树龄增加,特别是进入结果期以后,对磷、钾的需要量相应增加。核桃幼树施肥量可以参照如下标准。

(1)晚实核桃。在中等肥力条件下,按树冠垂直投影面积计算,1~5 年的使用量(有效成分)为:氮肥 50g/m^2,磷、钾肥各 10g/m^2;进入结果期的 6~10 年的使用量为:氮肥 50g/m^2,

磷、钾肥各 20g/m², 并增施有机肥 5kg/m²。

（2）早实核桃。施肥量应高于晚实核桃。一般 1~10 年生树，按树冠垂直投影面积计算，每年的施肥量为：氮肥 50g/m²、磷肥 20g/m²、钾肥 20g/m²、有机肥 5kg/m²。成年树应适当增加磷、钾肥的用量，一般氮、磷、钾的配比以 2∶1∶1 为好。

2. 施肥时期

核桃树施基肥同其他果树一样，以秋季施用为好，可在采收后至落叶前完成。基肥配合一定数量的速效性化肥，比单施有机肥效果更好。如果有机肥充足，可将全年化肥的 1/3 或 1/2 与有机肥配合施入；如果有机肥不足，则应将全年化肥的 2/3 作为基肥施入。

追肥以速效性化肥为主，如硫酸铵、尿素、碳酸氢铵、复合肥等。一般一年进行 2~3 次。应抓住以下关键时期。第一次追肥，早实核桃在开花前、晚实核桃在展叶初期进行，主要作用是促进开花坐果和新梢生长，应以速效氮肥为主，使用量为全年追肥量的 50%；第二次追肥，早实核桃在开花后、晚实核桃在展叶末期进行，肥料仍以氮肥为主，结果时可追施氮磷钾复合肥，主要作用是促进果实发育、减少落果，促进新梢生长和木质化以及花芽分化，使用量占全年的 30%；第三次追肥，在硬核期或稍后进行，目的在于供给核仁发育所需要的养分，保证坚果充实饱满，以氮、磷、钾复合肥为主。

三、灌水

一般核桃需肥的时期也是需水的关键时期，因此灌水必须与施肥密切结合，每次施肥时期，也是灌水的适宜时期。灌水时间上把握萌芽水、花后水和采后水。另外，4—5 月是核桃新梢生长的旺盛期，应注意补水增加新梢生长量。6—7 月为果实生长期，缺水会导致果皮变厚。越冬前应灌封冻水，有利于树体安全越冬和虫害灭杀。雨季应注意排水防涝。

第三节 整形修剪技术

一、修剪时期

核桃树在休眠期修剪有伤流，伤流期一般在10月底至翌年展叶时为止。为避免伤流损失营养，长期以来，核桃树的修剪都在春季萌芽后或采收后至落叶前进行。近年来，各地进行了许多冬季修剪的试验，结果表明，核桃树冬剪不仅对生长结果没有不良影响，而且在新梢生长量、坐果率、树体主要营养水平等方面都优于春剪和秋剪。目前，在秦岭以南地区、陕西省、河北省等地已经基本普及休眠期修剪，均未发现不良影响。

二、树形结构

核桃树生产中常用的树形主要是主干疏层形和自然开心形2种类型，也有小冠疏层形。在土层深厚、土质肥沃条件下，栽培干性较强的品种，多采用主干疏层形；土壤瘠薄，干性弱的品种，可采用自然开心形；密植栽培可采用小冠疏层形。

1. 主干疏层形

基本结构与苹果主干疏层形大同小异，但有它的特点。具体表现为3个方面。

（1）主干较高。干性较强的晚实或直立型品种主干高一般为1.2~1.5m，若长期间作、行距较大，为便于作业，主干可留到2m以上；早实核桃结果早、树体较小，主干应矮一些，一般为0.8~1.2m。因核桃树冠开张，若主干低，枝条容易接触地面。

（2）层间距较大。第一层与第二层的层间距晚实核桃应留1.2~2m，早实核桃留0.8~1.5m。第二层与第三层间距相应缩小，一般在1m左右。同层主枝间不留对口枝，以免卡脖。

（3）侧枝间距大。主枝上第一侧枝距中干1m左右，第二侧枝距第一侧枝50cm。侧枝选留背斜侧，不选背后枝。

2. 自然开心形

没有中干，干高多在1m左右，主枝3~4个，轮生于主干上，不分层，主枝间距30cm左右。这种树形具有成形快、结果早、整形简便，适合于土层薄、肥水条件差的晚实核桃和树冠开张、干性较弱的早实核桃应用。

3. 小冠疏层形

小冠疏层形是主干疏层形的缩小版，树高一般控制在4.5m以下，适合于嫁接核桃树的密植栽培。

三、幼年树的整形修剪

核桃树在幼树阶段生长快，容易造成树形紊乱。整形原则和方法要领与苹果、梨等果树大体相同，所不同的是核桃（尤其晚实核桃）结实晚、早期分枝少、留干高、层间距大。因此，整形持续的时间长，有时一层骨干枝需2~3年才能选定。

1. 定干

树干的高低应根据核桃的品种特性、栽培条件及方式等因树和因地而定。一般主干疏层形定干高度，晚实核桃1.2~1.5m，早实核桃1~1.2m。

2. 培养树形

培养树形分4步完成。第一步，于定干当年或第二年，在定干高度以上选留3个不同方向的健壮枝条作为第一层主枝，层内主枝间距20cm左右。第一层主枝选留完毕后，除保留中干外，除去其余枝条；第二步，选留第二层主枝，选留2个壮枝作为第二层主枝，同时开始在第一层主枝上选留侧枝，各主枝间的侧枝方向要相互错开，避免重叠、交叉；第三步，早实核桃在5~6年时，晚实核桃在6~7年时，继续培养第一层和第二层主枝的侧枝；第四步，继续培养第一、二层主侧枝外，选留第三层主枝1~2个，第二层与第三层间距1m左右。至此，整个树形骨架已基本形成。

3. 修剪

在整形基础上，选留和培养结果枝、结果枝组，并及时剪除无用枝。根据核桃的生长结果特点，具体操作时应注意：对主侧枝的延长枝要适当进行中度短截或轻短截，以利树冠扩大，促进晚实核桃增加分枝；核桃的背下枝生长旺，不及时控制，就会造成枝头弱，形成主、侧枝"倒拉"的夺头现象，不利于整形。一层主侧枝的背下枝全部疏除；二层以上主侧枝的背下枝，可用来换头，调节主枝开张角度，有空间的控制利用结果，过密的则疏除。幼树期核桃长势旺易产生徒长枝，在空间允许的前提下应尽可能采用夏季摘心或采用先短截后缓放的方法，将其培养成结果枝组；早实核桃容易发生二次枝，对过多而造成郁闭者，应及早疏除。对生长充实健壮并有空间保留者，去弱留强、保留一强壮枝，夏季摘心，其余疏除；用先放后缩法培养结果枝组，在早实核桃上，对生长旺盛的长枝以甩放或轻剪为宜，在晚实核桃上，则采用轻短截或中短截旺盛发育枝的方法增加分枝，但短截枝数量不宜太多，一般控制在1/3左右为好。

四、结果树的修剪

1. 结果初期树的修剪

刚进入结果期的核桃树，树形已经基本形成，产量逐年增加，其主要任务是继续培养主枝和侧枝，充分利用辅养枝早期结果，积极培养结果枝组，尽量扩大结果部位。采取先放后缩和去强留弱等方法培养结果枝组，使大小枝组在树冠内均匀分布，防止结果部位外移，保证良好的光照。对已经影响主侧枝生长的辅养枝，要逐年缩剪，给主侧枝让路。对背下枝多年延伸而成的下垂枝，应及时回缩改造成枝组，若枝条不缺，及时疏除，不宜长期保留。疏大枝时，锯口要留小枝，以利于伤口愈合。

2. 盛果期树的修剪

核桃树一般要在15年（早实核桃6年）左右进入盛果期，此期修剪的重点是维持树体结构，防止光照条件恶化，调整生长结果关系，控制大小年。方法是落头开心，打开上层光照，落头时应在锯口下方留一粗度相似的多年生分枝，以控制树体高度，并防止锯口附近冒条。晚实核桃由于腋花芽结果较少，结果部位主要在枝条顶端，随着结果量的增加，大型骨干枝常出现下垂现象，外围枝延伸过长，下垂更加严重。

因此，此期要及时回缩骨干枝，回缩部位可在向斜上生长的侧枝的前部。按"去弱留强"的原则疏除过密的外围枝和内膛枝条，对延伸过长衰弱枝、选斜上生长枝作头回缩复壮，以改善树冠的通风透光条件。注重枝组复壮更新，小枝组去弱留强，去老留新；中型枝组及时回缩更新，使其内部交替结果，维持结果能力；大型枝组控制其高度和长度，对已无延长能力或下部枝条过弱的大型枝组，则应及时回缩，以保证其下部中小型枝组的正常生长结果。

五、衰老树的更新复壮

核桃盛果期后，管理不善极易出现树势衰弱，表现为外围枝生长量明显减弱、下垂，小枝干枯严重，结果部位外移、内膛光秃，同时萌发大量徒长枝，出现自然更新现象，产量显著下降。由于大树根系发达，经改造后恢复产量的速度远比新植果园快，因此老树复壮有较强的应用价值。

更新分为小更新和大更新。小更新一般从大枝中上部分枝处回缩，复壮下部枝条。对结果枝组，疏除先端的短果枝，减少枝条密度和结果量。小更新几次后，树势进一步衰弱，再进行大更新。大更新是在大枝的中下部或下部有分枝处进行回缩，促发新枝，重新形成树冠。

第四节　花果管理技术

一、人工辅助授粉

核桃为异花授粉且存在雌雄异熟现象，花期不遇常造成授粉不良，分散栽植的核桃树更是如此。另外，早实核桃幼树开始结果的最初几年，一般只开雌花，3~4年后才出现雄花，直接影响其授粉、坐果。因此，在核桃园附近无成龄树情况下，进行人工授粉尤为必要。

花粉采集在雄花序即将散粉时（基部小花刚开始散粉）进行。授粉的最佳时期是雌花柱头开裂并呈倒"八"字形，柱头上分泌大量黏液且有光泽时最好，此期只有3~5天，要抓紧时间进行。方法是先用淀粉或滑石粉将花粉稀释10~15倍，然后置于纱布袋内，封严袋口并拴在竹竿上，在树冠上方轻轻抖撒授粉即可。

二、疏雄花

疏除核桃雄花是一项重要的增产技术，各地试验表明，疏雄花增产效果十分明显。雄花发育会消耗大量养分,通过疏除雄花,节约树体的养分。

疏雄时间以早疏为宜,一般在雄花萌动前或在休眠期完成为好,若拖到雄花伸长期再疏,增产效果不明显。疏雄量可视品种、树体情况而定,一般疏除雄花总量的 90%~95% 为宜。多用带钩的木杆钩或人工掰除。

三、果实采收和加工

核桃需要达到完全成熟方可采收,采收过早青皮不易剥离,种仁不饱满,出仁率与含油量低、风味差、不耐贮藏;采收过迟则会落果,若未及时捡拾,易霉烂。果皮由绿色变黄绿色或浅黄色,部分青皮顶部出现裂纹,青果皮容易剥离,有 30% 以上的果实已显成熟时即可采收。我国目前仍以人工采收为主,即用竹竿敲打振落,敲打时应按自上而下、从内向外的顺序进行,以免损伤枝芽。

果实采收后,要及时进行脱青皮、漂白处理。脱青皮多采用堆积法,将采收的核桃果实堆积在阴凉处或室内,厚度 50cm 左右,上面盖上湿麻袋或厚 10cm 左右的干草、树叶,保持堆内温湿度,促进后熟。一般经过 3~5 天青皮即可离壳,切忌堆积时间过长,切勿使青皮霉烂。为加快脱皮进程也可先用 3 000~5 000mg/kg 乙烯利溶液浸沾 30s 再堆积。脱皮后的坚果表面常残存有烂皮等杂物,应及时用清水冲洗干净。为提高坚果外观品质,还要进行漂白。常用漂白剂:漂白粉 1kg+水 6~8kg 或次氯酸钠 1kg+水 30kg。漂白时间 10min 左右,当核壳由青红色转黄白色时,立即捞出用清水冲洗 2 次即可晾晒。

第五节 病虫害防治技术

一、核桃主要病害

（一）核桃黑斑病

1. 识别与诊断

核桃果受害初期，病斑为褐色小斑点，后扩大为不规则形黑斑，遇雨病斑四周呈水渍状晕圈，外果皮腐烂并深入果肉，核仁变黑，提早落果。叶片受害后，沿叶脉有小斑点，以后扩大多角形或四方形，病斑外缘有水渍状半透明的晕圈，感病严重时叶片焦枯卷曲脱落，新梢变黑枯死，果实变黑早落。

2. 防治方法

加强田间管理，保持园内通风透光；结合修剪，剪除病枝，及时收集和清理病叶、枝、果，集中烧毁；在展叶前、落花后及幼果期各喷一次药，药剂为 1∶0.5∶200 波尔多液、50%甲基硫菌灵悬浮剂 500~800 倍液、80%代森锌可湿性粉剂 400~500 倍液等。

（二）核桃溃疡病

1. 识别与诊断

核桃溃疡病初为直径 0.2~2cm 的黑褐色近圆形斑，扩展后呈梭形或长方形。发病部位以枝干基部居多，病斑呈水渍状或明显的水泡，裂后流出褐色黏液，遇空气变黑褐色，随后病部散生许多小黑点，当病部扩大到环绕枝干一周时，出现枯枝、枯梢或整株死亡，秋季病部表皮破裂。果实受害后有大小不一的圆斑，并引起早落、干缩或变黑腐烂，表面产生许多突起的黑褐色粒状物（子实体）。

2. 防治方法

树干涂白，防止日灼及冻害；用刀刮除病部深达木质部或将病斑纵向切开，再涂3°Bé石硫合剂，或用1%硫酸铜液、1∶3∶15波尔多液均有一定疗效。利用高吸水性树脂，施于植株周围，明显提高土壤保水性，增加树皮的含水量，防治效果良好。

(三) 核桃腐烂病

1. 识别与诊断

幼树受害后，病部深达木质部，周围出现愈伤组织，呈暗灰色菱形病斑，水渍状，指压时出现液体，有酒糟味。后期病斑产生黑点，继而主干及侧枝病斑树皮局部纵向开裂，组织溃烂下陷，树干上溢泌黑色液体。在初发时，感病部位树皮显浅褐色逐渐到深褐色、黑色，指压时表现极富弹性。成年树受害后，因树皮厚，病斑在外部无明显症状，当发现皮层向外溢出黑色液体时，皮下已扩展为较大的溃疡面。剖开树皮，可见大小不等的黑色溃疡斑块。枝条枯死，在树枝上密布黑色粒状突起，潮湿时溢泌橘红色卷丝。

2. 防治方法

常用防治方法有全株喷药和刮治病斑两种。喷药是在6月以前用40%~80%代森锌可湿性粉剂300~600倍液喷布全株。刮治病斑是在早春及生长前期用代森锌，按1∶(500~1 000)倍药液涂抹在用刮刀刮过的病患处。刮伤的具体做法：沿病斑纵向切割数条间隔1cm的引线，深达木质部，然后往线内涂药。

二、核桃主要虫害

(一) 核桃举肢蛾

1. 识别与诊断

核桃举肢蛾又名核桃黑或黑核桃。在华北、西北、西南、中南等我国核桃主产区均有分布。以幼虫蛀食核桃果皮和果仁。严重发生时被害株率高达100%，果实被害率达30%~90%，是核桃的主要害虫。幼虫蛀果后蛀入孔呈水珠状，初期透明，虫道内充满虫粪，被害处果皮变黑并逐渐凹陷、皱缩。多数果提早脱落，未脱落的果实种仁不充实，失去食用价值。

2. 防治方法

结冻前彻底清除园内枯枝落叶及杂草，并集中烧毁，深翻园土灭杀越冬幼虫；7月下旬至8月上旬摘拾被害果，并集中烧毁或深埋；在幼虫入土前及成虫羽化前，在树冠下撒甲萘威与细土混拌或撒杀螟硫磷粉或辛硫磷毒土等；在6月上旬至7月上中旬，成虫产卵盛期，每隔10~15天喷药一次，连续3次可达到良好治疗效果。药剂有杀螟硫磷、甲氰菊酯。

（二）云斑天牛

1. 识别与诊断

俗称"铁炮虫""核桃大天牛""钻木虫"等。分布在华北、西北、西南、中南等地。主要为害枝干，为害严重的地区受害株率达95%。受害树有的主枝及中干枯死，有的整株死亡，是核桃树的一种毁灭性害虫。被害部位皮层稍开裂，从虫孔排出大量虫粪。为害后期皮层开裂。成虫羽化孔多在上部，呈一个大圆孔。

2. 防治方法

利用成虫趋光和假死习性，晚上用灯光引诱到树下捕杀。经常观察树叶、嫩枝，发现有小嫩枝被咬破的新鲜伤口时，在附近即可捕捉到成虫。成虫产卵期要经常检查，发现主干、主枝等处有产卵刻槽，用锤敲击刻槽，消灭虫卵和初孵化幼虫。当幼虫蛀入树干后，可以虫粪为标志，用带钩细铁丝，从虫孔插入，钩杀幼虫。有孔洞的用等量的甲萘威粉与土合成的泥堵洞，或用棉球蘸敌敌畏5~10倍液塞入虫孔，并用稀泥封孔，效果很好。

第八章　板栗树的栽培与病虫害防治技术

第一节　栽植技术

一、板栗树栽植的密度要求

可采用集约栽培方式且管理水平较高、土地又平整肥沃的栗园，每亩可栽植 30~40 株。山地、瘠薄地栗园可每亩栽植 40~60 株。

采用栗粮间作方式时，以每亩栽植 15~22 株为宜。

二、板栗树栽植的时间选择

一般分落叶以后秋栽和发芽前春栽。但在北方寒冷地区，秋栽常因防寒不当，越冬抽条严重，成活率低，因此应以春栽为主。

但春栽也不宜过早，以临近萌芽期定植较为合适。河北栗产区以 4 月 10 日左右定植为宜。

三、板栗树的栽植方法

板栗树为深根性树种，一般在土层较深的平地上栽植，先挖直径 1m、深 60~80cm 的定植穴，穴内施有机肥并混施部分磷肥。

山坡薄地结合土壤改良和水土保持工程，应挖直径 1.5～2m、深 1.2～1.5m 的定植大穴，穴内可先填入秸秆、枯枝落叶等有机物，再回填表土和有机肥。

第二节　土肥水管理技术

一、土壤管理

板栗树生长季要及时中耕除草，既保持土壤疏松、保墒，又消灭杂草，减少病虫来源。中耕除草采用机械或人工锄草，严禁使用除草剂。

果园覆草要在春季施肥、灌水后进行，可将干草、玉米秸、麦秸等覆盖于树冠下，厚度 15～20cm，草上压少量土，6 月前加压 1 次，并补充草量。连覆 3 年后浅翻 1 次，或挖沟深埋覆草。

果园生草，采取行间生草法，草种可选用紫花苜蓿、白三叶等豆科牧草，每亩用草种 1kg 左右，自春至秋均可播种，播种深度 1～1.5cm。幼苗期要及时浇水和清除杂草。当种植的草苗长成坪，草高达到 30cm 左右时及时刈除，一年刈除 3 次左右。果园生草 3～4 年更新 1 次。

二、施肥

有机板栗生产，板栗园只能施入有机肥和生物肥料，确保土壤肥力并改善土壤结构和微生物活性。严禁施用化肥，防止对果园环境和果品造成不良影响。

有机板栗生产施肥以基肥为主、追肥为辅。基肥一般在秋季板栗采收后施入，基肥应为经高温发酵或沤制过的鸡、牛、羊、猪粪与玉米秸或绿肥混合的有机肥，有机肥中加入适量的微生物肥效果会更好。每亩施 4 500~5 000kg 有机肥。基肥采用沟施方法效果最好。通常采用条状沟施，在树梢下挖深 50~60cm、宽 30~40cm 的条沟。将腐熟的有机肥与活菌剂 500 倍液混合均匀施入沟底，上层覆土埋严。

追肥一般一年 4 次，前 3 次分别在开花前、幼果期、果实膨大期用活菌剂 60 倍液各喷一次，每次喷施至叶面滴水为宜。可有效地促进板栗树新梢生长，提高坐果率，改善果实品质，增产又增收。第 4 次在果实的硬核期，用水和活菌剂按 40∶1 的比例稀释，在板栗树枝梢下方土层打孔，将稀释的菌剂倒入孔内，覆土浇水，提高果树根系吸收养分的能力。每亩使用万赢活菌剂 1 000mL 左右。

三、灌溉

近几年新发展的板栗园多采用高效节能灌溉方式，如喷灌、滴灌等，既节水效果又好。板栗园用水，水质应符合有机食品产地环境灌溉水要求。果园灌溉一般年份浇 3 次水即可。第 1 次是在板栗树发芽前浇萌芽水；第 2 次是在板栗果实膨大期；第 3 次是在板栗采收后至土壤封冻前结合施基肥浇越冬水，这 3 次水都应浇透。在干旱的年份应视土壤墒情补浇水。

第三节　整形修剪技术

由于板栗树是壮枝结果，一般强壮结果母枝的上部有 1~4 个芽能抽生出结果枝，而中部抽生的雄花枝脱落后成为"盲节"，基部芽多不萌发，致使板栗树结果部位每年外移一段，树冠内膛极易光秃。修剪上应注意防止结果外移，及时更新。

一、常用树形

可采用疏散分层形、开心形、变则主干形等。其中变则主干形干高70~100cm，主枝4个，均匀分布在4个方向，层距60cm左右，主枝角度大于45°，每一主枝上有侧枝2个，第一侧枝距主枝基部1m左右，第二侧枝着生在第一侧枝的对侧，距第一侧枝40~50cm，完成树形后树高4~5m。

二、不同年龄时期修剪技术

幼树以整形培养树冠为主，对生长量过大的枝条，当新梢长到30cm时进行夏季摘心，促生分枝，投产前一年达到树冠紧凑呈半圆头形，树形开张。枝条先端的三叉枝、四叉枝或轮生枝通过抹芽疏枝处理，或用"疏一截一缓二"的方法进行处理。为控制极性生长，应注意疏直留斜，疏上留下，疏强留中。及早疏除徒长枝、过密枝及病虫枝，其余枝条尽量保留。

结果期树修剪的任务是充分利用空间，增加结果部位，保证内膛通风透光。具体应根据树势短截弱枝，培养健壮的更新枝，及时控制强旺枝，疏除过密枝、纤细枝和雄花枝。具体要处理好以下3类枝条。

（1）结果母枝的培养和修剪。树冠外围生长健壮的一年生枝，大都为优良的结果母枝，对这类结果母枝适当轻剪，即每个二年生枝上可留2~3个结果母枝，余下瘦弱枝适当疏除；树冠外围长20~30cm的中壮结果母枝，通常有3~4个饱满芽，抽生的结果枝当年结果后，长势变弱，不易形成新的结果母枝，对这类结果母枝除适量疏剪外，还应短截部分枝条，使之抽生新的结果母枝；长5~10cm的弱结果母枝，营养不足，抽生的结果枝极为细弱，坐果能力也差，对这类结果母枝应疏剪或回缩，以促生壮枝。结果母枝留量以每平方米树冠投影面积留枝8~12个为宜。

（2）徒长枝的控制和利用。成年结果树上的各级骨干枝，都有可能发生徒长枝，如放任生长，会扰乱树形，消耗养分，因此应适当选留并加以控制利用。在选留徒长枝时，应注意枝的强弱、着生位置和方向。生长不旺的徒长枝，一般不需短截，而生长旺盛的徒长枝除注意冬季修剪外应在夏季进行摘心，也可通过拉枝削弱顶端优势，促使分枝扩大树冠，第2年从抽生的分枝中去强留弱，剪除顶端1~2个比较直立强旺的分枝，保留水平斜生的分枝。衰弱板栗树上主枝基部发生的徒长枝，应保留作为更新枝。

（3）枝组的回缩更新。枝组经过多年结果后，生长逐渐衰弱，结果能力下降，应当回缩使其更新复壮。如结果枝组基部无徒长枝，则可留3~5cm长的短桩回缩枝，促使基部的休眠芽萌发为新梢，再培养成新的枝组。

当枝头出现大量的瘦弱枝和枯死枝时，表明此枝已衰老变弱，应及时采用"缩放结合"的轮替更新修剪方法，按照"强放弱缩"的原则修剪。树冠外围的强壮结果母枝任其继续结果，对外围的"香头码""鸡爪码"等弱枝进行回缩修剪。回缩修剪前，应先培养大、中、小不同年龄的"接班枝"，以便于及时恢复树势。对于非常衰弱，已经不能抽生结果枝的大枝，一般都回缩到有徒长枝或有副休眠芽萌发的生长枝的地方，以便用这些枝条重新培养骨干枝。其徒长枝的选择和利用与结果树的修剪相同。

第四节　花果管理技术

一、防止空苞技术

空苞就是板栗树总苞中没有果实。一般减少空苞的措施如下。

（1）选配好授粉树，并辅以必要的人工授粉。要求授粉树所占比例不低于10%。

（2）施硼肥。每隔4~5年施1次硼肥。在板栗树盛花期喷洒0.1%~0.2%的硼酸（硼砂）加0.3%尿素溶液，也可以在开花前株施0.25kg硼砂。春旱及时灌水或进行地面覆盖，减少土壤对硼的固定，可相对增加土壤速效硼含量。

（3）去雄疏蓬。

（4）加强综合管理。

二、人工授粉

板栗树花期长，从6月上旬至6月下旬，开花授粉时期可持续20天，对人工授粉极为有利。应选择品质优良、大粒、成熟期早、涩皮易剥的品种作为授粉树。当一个枝上的雄花序或雄花序上大部分花簇的花药刚刚由青变黄时，在5时前采集雄花序制备花粉。当一个总苞中的3个雌花的多裂性柱头完全伸出到反卷变黄时，用毛笔或带橡皮头的铅笔，蘸花粉点在反卷的柱头上。也可采用纱布袋抖撒法或喷粉法进行授粉。

三、去雄和疏蓬

板栗树的雄花和雌花的花朵数比为3 000∶1，试验证明，留5%~10%的雄花序即足够自然授粉之用。时间宁早勿晚，在雄花序长到1~2cm时，保留新梢最顶端4~5个雄花序，其余全部疏除。人工去雄不但节约树体养分，并可促进正在分化的雌花的发育，利于增产。

疏蓬越早越好，疏除病虫、过密、瘦小的幼蓬，一般每个节上只保留1个蓬，30cm的结果枝可以保留2~3个蓬，20cm的结果枝可以保留1~2个蓬。

此外，生产上还常采用疏除母枝多余芽、果前梢摘心、短截粗壮枝、短截摘心轮痕处（特别是在3月下旬至4月上旬芽萌动时短截），或4月中旬喷50mg/kg赤霉素等对促进雌花的发育形成，均有良好或一定的作用。

四、采收

板栗成熟的外观标准是幼栗蓬由绿变黄，再由黄变为黄褐色，中央开裂，栗果由褐色完全变为深栗色，一触即脱落，即是栗果完全成熟的标志。

板栗采收方法有两种，即拾栗法和打栗法。

拾栗法就是待栗充分成熟，栗蓬开裂，经微风吹动或人工轻轻摇动，就会自然脱落或振落。为了便于拾栗子，在栗开裂前要清除地面杂草或铺塑料膜。采收时，先振动一下树体，然后将落下的栗实、栗苞全部捡拾干净。一定要坚持每天早、晚各拾一次，随拾随贮藏。拾栗法的好处是栗实饱满充实、产量高、品质好、耐藏性强。

打栗法就是分散分批地将成熟的栗苞用竹竿轻轻打落，然后将栗苞、栗实拣拾干净。采用这种方法采收，一般2~3天打一次。打苞时，由树冠外围向内敲打小枝振落栗苞，以免损伤树枝和叶片。严禁一次将成熟度不同的栗苞全部打下。

打落采收栗苞应尽快进行"发汗"处理，因为当时气温较高，栗实含水量大，呼吸强度高，大量发热，如处理不及时，栗实易霉烂。处理方法是选择背阴冷凉通风的地方，将栗苞薄薄摊开，厚度以 20~30cm 为宜，每天泼水翻动，降温"发汗"处理 2~3 天后，进行人工脱粒。

第五节 病虫害防治技术

一、板栗主要病害

（一）板栗疫病

板栗疫病也叫干枯病、溃疡病、腐烂病、胴枯病，是一种世界性的板栗枝干重要病害，同时也可为害刺苞和根系。

1. 识别与诊断

板栗疫病主要为害主干及主枝，少数在枝梢上也有为害。发病初期，在主干或枝条上出现圆形或不规则形的水渍状病斑，红褐色，组织松软，病斑微隆起，有时从病部流出黄褐色汁液，内部组织呈红褐色水渍状腐烂，有浓烈的酒糟味。待干燥后病部树皮纵裂，内部枯黄的组织暴露。发病后期，病部失水，干缩凹陷。

2. 防治方法

选育抗病品种，从丰产性能好的良种中筛选抗病品种。消灭病源，刨死树、除病枝、刮病斑、集中烧毁。减少发病诱因和侵染入口，避免机械损伤，伤口涂石硫合剂、波尔多液予以保护。防治虫害。树干涂白防日灼。高寒地区树干培土或绑草保温，解冻后及时解除。加强检疫。病斑涂药，涂前先刮去病部被侵害的组织，用毛刷涂抹嘧啶核苷类抗菌素 10 倍液。4 月上旬开始，每半个月涂 1 次，共涂 3 次。

（二）板栗锈病

板栗锈病也叫板栗叶锈病。主要为害板栗幼苗，常造成早期落叶。

1. 识别与诊断

板栗锈病只为害栗树叶片。初期叶背散生淡黄绿色小点,叶正面相对部位呈褪绿色小点,后在叶背面产生黄色或褐色泡状锈斑,为锈孢子堆。表皮破裂后散出黄粉,为病菌的夏孢子堆和夏孢子。秋季落叶前在病斑背面产生蜡质状、褐色斑点,不破裂,为病菌的冬孢子堆。严重时在栗果近成熟时,可导致大量落叶,影响产量和品质。

2. 防治方法

(1) 清园。冬季剪除病枝,扫除落叶,集中烧毁或深埋,减少病源。

(2) 药剂防治。板栗萌芽前可喷 1 次 3°Bé 石硫合剂,或 1:1:100 波尔多液。发病前可用 1:1:160 波尔多液,或 50% 多菌灵可湿性粉剂 600~800 倍液等药剂喷雾防治。

(三) 板栗叶枯病

板栗叶枯病也叫枯叶病。

1. 识别与诊断

叶片染病,在叶脉间或叶缘、叶尖处产生圆形至不规则形病斑。病斑浅褐色至灰褐色,边缘色深,外围具黄色晕圈,分界明显。分生孢子器成熟后病部产生很多黑色小粒点,即病菌分生孢子器。随后病斑迅速扩大,呈不规则大面积干枯,由叶尖开始大面积枯死,可达叶片的 1/2。9 月中下旬开始大量落叶,10 月中下旬导致二次萌芽抽梢,新萌发枝梢冬季枯死,极易诱发板栗疫病,并引起树体整株死亡。

2. 防治方法

(1) 加强栽培管理。精心养护,适时施肥浇水,土壤贫瘠地块要培肥地力,增强树势。

(2) 清园。发现病落叶及时清除,减少初侵染源。

（3）药剂防治。萌芽前可喷 3°Bé 石硫合剂 1 次，或 1∶1∶100 波尔多液。发病前可喷 1∶1∶160 波尔多液，或 50% 多菌灵可湿性粉剂 600~800 倍液。

二、板栗主要虫害

（一）栗红蜘蛛（针叶小爪螨）

1. 识别与诊断

板栗树叶片被害后，失绿部分不能恢复，叶功能减弱，甚至丧失，造成当年减产，并对板栗树贮备营养的积累产生负面影响，殃及翌年的生长和雌花形成。

2. 防治方法

萌动期刮去粗老皮后，全树喷 5°Bé 的石硫合剂。重点喷 1 年生枝条和粗老皮及缝隙处。一般可控制全年为害。5 月中旬越冬孵化盛期用 5% 氟虫脲乳油 40 倍液涂抹树干。其方法：先在树干的中下部环状刮去 15cm 左右宽的表皮，露出嫩皮，然后涂药两遍，再用塑料薄膜内衬纸包扎。有效控制期约 50 天。5 月下旬用 0.3°Bé 的石硫合剂作全树喷雾，重点喷叶片。保护食螨天敌，如草蛉、食螨瓢虫、蓟马、小黑花蝽等，利用天敌灭虫。

（二）栗瘤蜂（栗瘿蜂）

1. 识别与诊断

幼虫主要为害新梢，春季寄主芽萌发时，被害芽逐渐膨大而成虫瘿，有时在瘿瘤上着生有畸形小叶。

2. 防治方法

一是注意识别长尾小蜂寄生瘤，冬春修剪树体时要加以保护，或收集移挂于虫害较重的树上放飞；二是 4 月摘除树上瘤体，冬春修剪时，疏除树冠内的弱枝群；三是化学防治，6 月中旬成虫羽化盛期用 25% 灭幼脲悬浮剂 2 000~3 000 倍液喷雾。

第九章 柿树的栽培与病虫害防治技术

第一节 栽植技术

一、园地选择

柿树适应性强,对土壤要求不严,在瘠薄地、黏土、沙地,pH值5~8范围均可栽植,但以土层深厚,保水力强的壤土或黏壤土,且地下水位在1m以下的最为理想。

二、栽植技术

(一)栽植密度

根据品种特性、土壤肥瘠和管理水平而定。一般山地比平地栽植密,瘠薄地比肥沃地栽植密,管理水平高的可以适当密植。栽植宜以南北成行,大行距,小株距。平地行距7~8m,株距5~6m;山地行距5~7m,株距3~5m。

(二)栽植时间

春季和秋季均可栽植。春栽3月中旬至4月上旬;秋栽10月下旬至11月上旬。

(三)栽植方法

按栽植点挖穴,规格为60cm×60cm×60cm。栽前,先将苗根在流水中浸6~12h,穴内施充分腐熟的农家肥2~3锹,与土拌匀。随即将苗木放入穴栽植，边填土边踏实，栽后灌水，并覆土或盖塑料膜，防止蒸发，以提高成活率。

第二节　土肥水管理技术

一、土壤管理

柿树多栽植在山坡或荒滩，土壤瘠薄，理化性能差，保肥保水能力低，要做好水土保持工作，进行土壤深翻，扩大树盘，结合施用有机肥，改良土壤。

柿粮间作柿园，因行距大，间作物种类可不受限制，但靠近柿树的地方要栽植矮秆作物或豆科作物。成片栽植柿树在幼树期也应种植间作物。实行清耕管理的柿园或树盘，应注意中耕除草，秋季进行深耕。有条件的地方应推广覆草法、穴贮肥水、生草法和免耕法。

二、施肥

柿幼树主要施氮肥，以促进生长；成年树应氮、磷、钾配合，适当补充微量元素。施肥以少量多次为宜。生长后期注意钾肥的施入，磷肥适量即可。日本一般盛果期大树每公顷施纯氮、磷、钾分别为200kg、130kg和200kg。

基肥于秋季采果前（9月中下旬）施入。大树每株施有机肥100～200kg，加磷酸二铵0.5mg、硫酸钾0.5mg或氮磷钾复合肥。幼树每株施有机肥50～100kg，速效肥适量。

柿树追肥不宜早施。幼树土壤追肥在萌芽时进行。结果树在新梢停止生长后至开花前（5月上旬）进行1次，每株施尿素0.75～1kg；前期生理落果后，果实迅速生长期（7月上中旬）进行第2次，每株施尿素或氮磷钾复合肥0.75~1kg。

根外追肥在落果盛期开始（5月下旬或6月上旬），到果实迅速膨大期（8月中旬），每隔半月进行1次，可喷尿素、过磷酸钙、氯化钾、硫酸钙及复合肥。

三、灌水

柿树喜湿润，土壤湿度变幅过大时生理落果严重。土壤湿度以田间持水量的60%~80%为宜。一般情况下，萌芽前、开花前后、果实膨大期灌水，每次施肥后灌水，土壤上冻前浇封冻水。

第三节　整形修剪技术

一、主要树形

柿树干性强，顶端优势明显，分枝少，树姿直立的品种，可用疏散分层形；干性弱，顶端优势不明显，分枝多，树姿较开张的品种，宜用自然圆头形；成片栽植，密度较大，可用纺锤形。

1. 疏散分层形

柿树干高1m左右，中心干上成层分布主枝，第一层主枝3~4个，第二层主枝2~3个，第三层主枝1~2个。上下层主枝相互错开。层间距60~70cm，层内距40~50cm。主枝上着生侧枝。主枝和侧枝上着生结果枝组。后期落头开心。

2. 纺锤形

柿树干高50cm，主枝8~12个，相间15~20cm，在中心干上错落分布，分枝角度70°~85°。主枝上着生中小型结果枝组。树高3m左右，冠径3~4m。

二、休眠期修剪

栽后按树形结构要求适时定干,选好主枝。休眠期主枝和侧枝延长枝轻短截或缓放,中心干延长枝适当重短截,剪留长度约80cm。注意调整骨干枝角度、长势和平衡关系,衰弱时及时更新复壮。

结果枝组的培养以"先放后缩"为主。徒长枝可以拿枝后缓放,也可以先截后放培养枝组。枝组修剪要"有缩有放",对过高、过长的老枝组,要及时回缩;短而细弱的枝组,应"先放后缩",增加枝量,促其复壮。

生长健壮的结果母枝一般不进行短截。强壮的结果母枝,混合花芽比较多,可剪去顶端1~3个芽。结果母枝过密时,则去弱留壮,保持一定的距离;多余的结果母枝也可剪去顶端3~4个芽,使下部叶芽或副芽萌发预备枝;生长较弱的结果母枝自充实饱满的侧芽上方剪去,促发新枝恢复结果能力,若没有侧芽,也可从基部短截,留1~2cm的残桩,让副芽萌发成枝。

结果枝结果后没有形成花芽的,可留基部潜伏芽短截,或缩剪到下部分枝处,使下部形成结果枝组。徒长枝可从基部疏去,当出现较大的空隙时,也可短截补空。

三、生长期修剪

幼树骨干枝延长枝生长至50cm左右进行摘心,促进分枝,并捋枝、拉枝、调整主枝开张角度。骨干枝上的新梢长至30~40cm进行反复摘心,培养结果枝组。强枝摘心后,发出的二次枝仍可形成花芽;弱枝摘心后,顶端容易形成花芽;徒长枝一般留20cm摘心。开花前后环剥可促进分化花芽,成年树开花前后环剥可减少落花落果。环剥部位一般在大枝基部或主干中下部。

第四节 花果管理技术

一、保花保果

柿树除加强综合管理外，单性结实差的品种，须配置授粉树或进行人工授粉，甜柿树一般应进行授粉；花即将开放时喷 0.3%赤霉素，可提高坐果率。盛花期环剥可防止生理落果，环剥时间在半数花开放时，环剥宽度一般为 0.5cm 左右，在主干、主枝和结果枝组上进行皆可。幼树期喷 0.3%~0.5%的尿素，对结果过多的树进行疏果，对肥水不足的树在花前施氮肥，皆可减少落果。

二、疏花疏果

健壮的幼树，当开花过多时，于花期前后，将部分结果枝的花蕾或幼果全疏除，留作预备枝。在这些结果枝上，当年便能分化良好的花芽。在开花前 2 周进行疏蕾，每个结果枝一般留 1 个花蕾，新梢叶片在 5 片以下的不留花蕾，壮结果枝留 2 个花蕾。留结果枝中部的大花蕾。根据品种落花落果特点多留 10%~30%。花后 35~45 天早期生理落果后进行疏果，首先疏除病虫害果、伤果、畸形果、迟花果及易日灼的果。留果的原则是 1 枝 1 果，或 15~18 片叶留 1 果。

三、果实采收

采收时期，榨取柿漆用的在单宁含量最高的 8 月下旬采收；硬柿（脆柿）供鲜食的，在果实着色后陆续采收，脱涩后陆续供食；制柿饼的宜在果实充分成熟尚未软化即霜降前后采收，此时含糖量高，柿饼品质上乘；软柿（烘柿）供鲜食的在果实呈现固有色泽时采收，自然脱涩后供食；甜柿类果实在树上已脱涩，采下即可食用，一般作硬柿鲜食，外皮转红而肉质尚未软化时采收品质较佳，最适采收期为果皮正在变红的初期。

采收方法大体分为两种。

（1）折枝法。即用手、夹竿或捞钩将果实连同果枝上部、中部一同折下。这种方法的缺点是把能连年结果的果枝上部的混合芽摘去，影响翌年的产量。优点是折枝后可促发新枝，形成结果母枝，增加后年的产量；并且控制树冠，使结果部位不外移，达到树体更新及回缩结果部位的目的，实质上起到了粗放修剪的作用。该法适用于初果期和衰老期的柿树。

（2）摘果法。即用手或采果器将柿果逐个摘下。这种方法不伤果枝，保留了其上的混合芽。但起不到折枝法回缩与更新的作用，可用冬季修剪弥补。该法适用于初果期和盛果期的柿树，可与折枝法交替使用。

柿的果柄和萼片干后很硬，最好在采收时剪去果柄，并在分级时将萼片摘去，以免在运输和贮藏中戳伤其他果实。

第五节　病虫害防治技术

一、柿主要病害

（一）柿角斑病

柿角斑病分布广泛，是造成柿树落叶、落果的重要病害之一。此病除为害柿树外，还能为害君迁子。

1. 识别与诊断

柿角斑病为害柿叶及柿果蒂部。叶片受害初期，在叶面产生不规则的黄绿色病斑，斑内叶脉变黑，病斑颜色加深后变为灰褐色的多角形病斑，边缘黑色与健部分开，病斑大小为2~8mm，上面密生黑色绒状小粒点，为病菌的分生孢子座。病斑背面开始时淡黄色，最后也变为褐色或深褐色，也有黑色绒状小点，但较正面的小。

柿蒂染病时，病斑多发生在蒂的四角，褐色至深褐色，形状不定，由蒂的尖端向内扩展，病斑5~9mm，正反两面都可产生黑色绒状小粒点，但以背面为最多。

柿角斑病发生严重时，采收前一个月即可大量落叶。落叶后，柿果变软，相继脱落。落果时，病蒂大多残留在树上。

2. 防治方法

秋后扫净落叶、落果，并摘净挂在树上的病蒂，消除菌源。加强栽培管理，改良土壤，增施肥水，增强树势，提高抗病能力。6月中下旬至7月下旬，即落花后20~30天，喷1：（3~5）：（300~600）波尔多液1~2次。喷药时要求均匀周到，叶背及内膛叶片一定要着药。君迁子的蒂特别多，为避免侵染柿树，应尽量避免在柿林中混栽君迁子。

(二) 柿圆斑病

柿圆斑病俗称"柿子烘"，常和柿角斑病混合发生，是柿树上的又一个重要病害。

1. 识别与诊断

柿圆斑病主要为害叶片，也能为害柿蒂。叶片受侵染后产生圆形浅褐色病斑，以后转为深褐色病斑，中央淡褐色，周缘黑色。病叶逐渐变红，在病斑周围发生黄绿色晕圈，病斑直径一般为2~3mm，个别在1mm以下或5mm以上，后期病斑背面出现黑色小粒点，为病菌的子囊壳。每片叶病斑有100~200个，多时达500个。发病严重时，从出现病斑到叶片变红脱落只需5~7

天，落叶后柿果也逐渐变红变软，相继大量脱落。

柿蒂上病斑近圆形，褐色，直径较小，发生较晚。

2. 防治方法

秋末冬初扫净落叶，集中烧毁，消除菌源。6月上中旬（柿树落花后），喷1∶5∶（300~600）波尔多液，一般年份喷1次即可，病重年份、地区半月后再喷1次。药剂还可用65%代森锌可湿性粉剂500倍液。

二、柿主要虫害

（一）介壳虫

介壳虫是柿树上的重要害虫，除为害柿树外，还为害其他果树、园林观赏树木和花卉植物。介壳虫以若虫和成虫为害柿果和幼嫩枝条，造成树势衰弱，产量下降，品质变劣。

1. 识别与诊断

越冬柿园介壳虫在柿树上发生2~3代，多数以1~2龄若虫在树枝或树干上越冬，少数以受精雌成虫在树枝、树干或多年生草本植物上越冬。介壳虫以若虫和雌成虫固着在寄生枝、干、叶的背面及叶柄和果实表面刺吸汁液，使受害枝条发芽力弱，发芽偏迟；果树营养生长变弱，达不到丰产性状；叶片干枯、畸形，影响光合作用；果实小而畸形，严重的造成落果；同时还会引发柿煤烟病，使受害柿树树势衰弱，产量大幅度降低，给果农造成严重损失。

2. 防治方法

（1）农业防治。柿园介壳虫一般为点片严重发生。农业防治措施可有效减少越冬虫源，控制柿园介壳虫的发生与为害，是柿园介壳虫综合防治最有效也最环保的重要环节。一是冬季清园，根据介壳虫的生长、生活习性，介壳虫的发生、为害程度与越冬虫源成正相关。冬季清园可大量清除该虫的寄主,减少越冬虫源,是柿园介壳虫综合防治技术的关键环节。可在冬季柿果采收后,结合修剪、施肥,清除柿园及周边杂草、落叶、落果,特别是多年生杂草,剪除受害枝条,连同其他废弃物集中烧毁或深埋,使越冬若虫和成虫大量减少。二是刷擦若虫,在主害代盛发期,根据介壳虫成片发生的特性,可用人工刷擦受害枝条,减少虫口密度,控制为害。

(2) 生物防治。白僵菌对同翅目昆虫有很强的寄生作用,是同翅目昆虫特别是介壳虫非常有效的天敌。因此,在介壳虫主害代发生初期施用白僵菌对介壳虫为害的控制作用非常明显,即6月下旬用白僵菌粉剂喷施于果树上,可有效防止介壳虫的大发生。

(3) 药剂防治。根据介壳虫的生育特性,在采取农业措施无法有效控制该虫为害的情况下,应适时进行药剂防治。选择施药适期:一是3月上中旬越冬若虫始发期;二是雄成虫羽化期,分别为5月上旬、6月中下旬及8月上旬;三是主害代若虫初孵期,即6月下旬至7月上旬、8月下旬至9月下旬,在上述时间段内,受害率10%以上时用药。选择高效、低毒、低残留无公害药剂防治。0.3°Bé的石硫合剂、65%噻嗪酮可湿性粉剂800~1 000倍液和25%噻嗪酮可湿性粉剂500倍液,以上药剂任选1种喷雾,严重受害的果树7天后再喷1次。施药时应用高压喷雾器,严格控制药液浓度,药液应均匀喷布果树全部枝条和叶片背面,确保用药防治效果。

(二) 柿蒂虫

柿蒂虫又名柿实蛾、柿钻心虫,俗称"柿烘虫"。主要为害柿树,也为害君迁子。

1. 识别与诊断

以幼虫蛀食柿果，多从果柄蛀入幼果内食害，虫粪排于蛀孔外。前期被害果幼虫吐丝缠绕果柄，幼果由青色变灰白色，进而变黑干枯，但不脱落；后期幼虫在果蒂下蛀食，蛀处常以丝缀结虫粪，被害果提前发黄变红，逐渐变软脱落。故称"柿烘""黄脸柿"。

2. 防治方法

（1）刮树皮。冬季刮除树枝干上的老粗皮，集中烧毁。

（2）摘除虫果。生长季及时检查树体，摘除虫果，并将柿蒂摘下，集中处理，可以减轻第二代的为害。

（3）树干绑草。8月中旬以前，在刮过粗皮的树干及枝干绑草诱集越冬幼虫，冬季将草解下烧毁。

（4）喷药。5月中旬及7月中旬，两代成虫盛发期喷50%敌敌畏浮油1 000倍液，或用90%敌百虫晶体800~1 000倍液。

（三）柿星尺蠖

柿星尺蠖主要为害柿树，也为害君迁子、核桃、苹果、梨等。

1. 识别与诊断

初孵化的幼虫食叶背面的叶肉，并不把叶吃透。幼虫老熟前食量大增，不分昼夜为害，严重时将柿叶全部吃光。

2. 防治方法

晚秋或早春在树下或堰根等处刨蛹。幼虫发生时，用猛力摇树或敲树振虫的方法扑杀幼虫。幼虫发生初期，喷洒50%杀螟硫磷乳油1 000倍液或90%敌百虫晶体1 000倍液。

第十章　枣树的栽培与病虫害防治技术

第一节　栽植技术

枣树栽植时期分秋栽和春栽。秋栽适宜时间为枣树落叶后至土壤冻结前（11月上中旬）；春栽适宜时间为土壤解冻后至枣树发芽前（3月下旬至4月中旬）。

一、栽植方式

（一）栽植密度

1. 平地枣园

纯林枣园：合理密植，亩栽110~330株，株行距为2m×3m、1.5m×3m、2m×2m、1m×3m、1m×2m。

枣粮间作园：株距3m，行距为10~15m；双行栽植时，两行内枣树间距为3~4m。

2. 山地枣园

坡度为5°~15°时，株距为3m，行距为4~5m，每公顷栽苗675~825株；坡度为15°~20°时，株距为3m，行距5~6m，每公顷栽苗555~675株；坡度为20°以上时，株距为3m，行距6~7m，每公顷栽苗480~555株。

梯田地埂栽枣树，地埂低于1.5m，枣树栽于里埂；地埂高于1.5m，枣树栽于外埂。梯田宽即为行距，株距以3m为宜。

3. 密植园

从枣树生物学特征来看，是最适合于密植的树种。它具有边生长、边开花、边结果，而且花期长、花量大和结果母枝容易更新修剪的特点，是其他果树不能相比的。栽植时应根据具体情况做到合理密植，如土壤水肥足、管理水平高、光照条件好、树冠矮小的品种宜密，反之宜稀。可根据不同生长年龄、时期调整密度，充分利用空间、阳光、地力。如幼树到初果期是一个密度，而到盛果期是另一种相适应的密度。在最短时期内获得最大的产量和经济效益。

一般密度，永久性植株在每亩 55 株以上，适宜枣粮间作。中等密度，永久性植株在每亩 110~220 株。高密度，栽植植株在每亩 220~330 株，适宜平川地。超高密度，栽植植株在每亩 330~1 000 株，适宜集约经营和大棚栽培。

一般密度和中等密度栽植方式，应采用计划密植，即先密后稀。树冠扩大后根据具体情况分批移出和间伐，保留原计划数字植株。

（二）栽植行向

栽植行向以南北行为宜，行距大于株距，"品"字形排列，山地沿等高线栽植。

（三）整地

平川、丘陵地穴状整地标准：长宽深为 100cm×100cm×80cm；坡地整地标准：水平沟宽 100cm、深 80cm。表土与底土分放；土层浅和沙石多的山区丘陵地应进行客土改良。每定植穴施腐熟有机肥 50~100kg，水平沟每亩施有机肥 5 000~10 000kg，回填表土、灌水，沉实土壤。

（四）栽植

解开嫁接口塑料绳，用生根粉溶液浸泡枣树苗根系一天。枣树苗放入坑内填土，栽植深度比苗木原来的深度深1~2cm，轻轻提苗，踏实土壤，埋土与原来深度一致。秋栽需埋土防寒。

密植园栽植方法：多采用长方形栽植，行距大于株距，既可通风透光，又便于田间管理。植株配置可分为单行密株、双行密株（三角形栽植），南北行，以利光照。

采用挖坑栽植，坑深40~60cm，长、宽40~60cm，一般每亩施有机肥5 000~6 000kg，过磷酸钙100~120kg，肥料施入须和土壤拌匀，以免烧坏根系。

二、授粉树配置

枣树的优良品种中，大多数能够自花授粉且正常结果。如金丝小枣、无核枣、婆枣、长红枣、圆铃枣、灵宝大枣、灰枣、板枣、壶瓶枣、晋枣、冬枣等品种自花结实能力强，可以单一品种栽植，不必配置授粉树。但异花授粉可以显著地提高坐果率，对增加果实产量是相当有益的。因此，即使是自花授粉较好的品种在定植时最好也选两个以上品种进行混栽，这样便于提高果品产量。在枣树品种当中，也有少量的几个品种因花粉不发育或发育不健全，或者自花不孕等原因，单一栽植授粉不良，必须配置相宜的授粉品种。如山东乐陵梨枣雄蕊发育不良，无花粉，需其他品种授粉方能结果。浙江义乌大枣常配置马枣，河北望都大枣需配置斑枣才能正常结果，赞皇大枣及南京枣也需配置花粉发育良好的授粉品种。

对授粉树的要求是：要与主栽品种开花期一致并能产生大量的发芽力强的花粉，最好能相互授粉。田间栽植时，授粉品种与主栽品种可以行间配置，也可株间配置，主栽与授粉品种的比例一般为（5~10）：1。

第二节　土肥水管理技术

一、土壤管理

山区应修整梯田，尤其利用野生酸枣改接大枣时，必须做好水土保持工作。滨海盐碱地须修台田，配套水利工程，绿肥压青，覆草埋草，培肥地力。

初冬季节进行耕翻，深度15~30cm，在不伤根的前提下尽量深翻。北方干旱地区，每年可进行多次，如发芽前、入伏、立秋各翻1次，均须在墒情较好时进行。掏根是北方旱地栽培措施之一，通过深刨冠内树盘，切断表层根系。没有育苗任务的枣园，要及时清刨根蘖。我国枣区多实行清耕，每年需进行多次中耕除草，松土保墒。枣园或枣粮间作物有豆科绿肥、小麦、豆类、花生、油菜、薯类等。

二、施肥

枣树要求施肥量比较大。100kg鲜枣约施氮1.5kg、磷1kg、钾1.3kg，比苹果100kg需肥量高0.5~1倍，因为枣鲜果的干物质、糖分含量比苹果高1.2~1.8倍。一般在果实采收后，立即施基肥，盛果期株施土杂肥50~100kg，加磷酸二铵或果树专用肥0.5~1kg，用放射沟施或全园沟施。

追肥全年进行3~5次，一般在发芽前、谢花后、果实迅速生长期施用，前期以氮肥为主，株施尿素0.5~1kg，后期多施磷钾肥，株施磷酸二铵0.5~1kg或果树专用肥0.75~1kg。结合喷药每年叶面施肥2~4次，花期和幼果树喷0.3%的尿素和0.08%的稀土液，采果前喷1次0.3%的磷酸二氢钾。

三、灌水

北方枣区，生长前期正值少雨季节，萌芽前、开花前、开花期、幼果发育期注意灌水，花期和幼果迅速生长期灌水尤其重要。花期灌水，量不宜过大，根系分布层达到70%即可，如果干旱期长，10~15天后可再灌1次。南方枣区，一般年份自然降水即能满足枣树生长和结果的需要，不需灌溉。但7—8月干旱的年份，则要及时灌水，以免果实生长受到抑制而减产。雨季注意排水防涝。

第三节 整形修剪技术

一、整形

枣树干性强、层次分明的品种，如晋枣宜用主干疏层形和纺锤形；生长势较弱的品种，如长红枣、赞皇大枣等宜用自然半圆形和开心形。纯枣园干高0.5~1.2m，枣粮间作干高1.2~1.6m。主干疏层形主枝8~9个，分3~4层，开张角度50°~60°，每主枝留1~3个侧枝，层间距50~70cm。自然半圆形主枝6~8个，无层次，在中心干上错落排开，每主枝2~3个侧枝，树顶开张。自由纺锤形在中心干上均匀着生10~14个水平延伸的主枝，长度由下到上逐渐变短，树高2.5m以下，是密植枣树的理想树形。

二、休眠期修剪

按照确定的树形进行整形，培养骨干枝。幼树要轻剪，避免造成徒长，随树龄增长，修剪量逐渐加重。扩大树冠时，对枣头短截，刺激主芽萌发形成新枣头。短截枣头时，剪口下的第一个二次枝必须疏除，否则主芽一般不萌发。疏去主、侧枝基部的直立枝和树冠顶部的直立枝，疏除不足30cm、无力抽生二次枝或抽生极弱二次枝的枣头以及过密枝、交叉枝、重叠枝、病虫枝和干枯枝，改善通风透光条件，增强树势。缩剪多年生的细弱枝、冗长枝、下垂枝，抬高枝条角度，增强生长势。为刺激主芽的萌发，可在准备萌发枝条的芽上方刻伤或环剥。通过选留、刻芽和回缩等方法更新结果枝组。老弱树更新，根据更新程度的轻、中、重，分别回缩骨干枝长度的1/3、1/2和2/3。

三、生长期修剪

一般在发芽后到枣头停长前进行，主要是疏枝和摘心。春季、夏季枣股上萌发的新枣头，或枣头基部及树冠内萌发的新枣头，如果不利用均应及时疏除。枣头萌发后，生长很快，过多过密的，可于6月在枣头长度的1/3处短截。

第四节　花果管理技术

一、保花保果

枣树落花落果极为严重，提高坐果率除采用综合技术措施提高营养水平外，还应直接采取一些措施，调节营养分配，创造授粉受精的良好条件。

1. 环剥

环剥亦称开甲。干粗在10cm以上的盛果期树，盛花初期天气晴朗时进行。密植树干径达5cm即可开甲。剥口宽度0.3~0.6cm。初开树在主干距地面20~30cm处开第一刀，以后相距3~5cm逐年上移。剥口处抹残效期长的胃毒剂或触杀剂农药，防治虫害。

2. 喷水

盛花期早、晚喷清水或用喷灌改变局部湿度条件。

3. 摘心

6月对枣头摘心，控制枣头生长，可提高坐果率。在枣头迅速生长高峰时期后的一个月，摘心效果更好。

4. 放蜂

花期放蜂，可增加授粉机会。

5. 喷植物生长调节剂和微量元素

盛花初期喷 10~15mg/kg 赤霉素水溶液、硼砂等均可提高坐果率。

二、果实采收

按果实颜色、果肉质地的变化，枣的成熟期分为白熟、脆熟和完熟3个时期。要根据用途确定果实的采收期，加工蜜枣，在白熟期采收；加工乌枣、醉枣等，在脆熟期采收；制干枣，在完熟期采收。

采收方法有人工摇落、机械振落、乙烯利催落、拾落枣等。用0.02%乙烯利全树喷布1次，喷后5~6天即能催落全部已成熟的果实。可在树下铺布单等，防止果实损伤。鲜食品种多用手摘，在果实达到半红时，用手托起果实，连果柄一起摘下，轻拿轻放，防止碰伤和落地，随摘收随分级，当天入库贮存。

第五节 病虫害防治技术

一、枣树主要病害

（一）枣炭疽病

枣炭疽病俗称"烧茄子病"，该病在各大枣区均有发生。除为害枣外，还为害苹果、核桃、桃、杏等。果实近成熟期发病，果实感病后常提早脱落，降低品质、经济价值。

1. 识别与诊断

枣炭疽病可侵染叶片和果实。叶片受害后变黄绿色、早落，有的呈黑褐色、焦枯状悬挂在枝条上。果实发病后，最初出现淡黄色水渍状斑点，以后逐渐扩大成不规则形黄褐色斑块，中间产生圆形凹陷病斑，扩大后连片、呈红褐色，引起落果，早落的果实枣核变黑。在潮湿条件下，病斑上可长出许多黄褐色小突起及粉红色黏性物质。病果味苦，重者晒干后仅剩下果核和丝状物连接果皮，不堪食用。

2. 防治方法

（1）摘除残留枣吊，冬季深翻、掩埋。冬季和早春结合修剪剪除病虫枝及枯枝。

（2）合理施肥和间作，增强树势，提高抗病能力。

（3）采用烘干或采用沸水浸烫处理，杀死枣果表面病菌后再晾晒制干。

（4）6月下旬始树冠喷施300倍多量式波尔多液、70%甲基硫菌灵可湿性粉剂800倍液、50%多菌灵可湿性粉剂700倍液、75%百菌清可湿性粉剂700倍液等杀菌剂，连续喷3~4次，每次间隔7~10天。7月下旬至8月中下旬喷倍量式波尔多液200倍液或50%多菌灵可湿性粉剂800倍液，连续3~4次，每次间隔10~15天。9月上中旬停止用药。

（二）枣疯病

枣疯病是枣树上的一种毁灭性病害，全国枣区均有发生，个别地区发生普遍且严重。

1. 识别与诊断

枣疯病的症状表现是花器返祖，花梗伸长，萼片、花瓣、雄蕊变成小叶。春季枣树发芽后，患枣疯病的病树病状逐渐显现。枣树染病后，花柄加长为正常花的 3~6 倍，主芽、隐芽和副芽萌生后变成节间很短的细弱丛生状枝，休眠期不脱落，残留树上。全树枝干上隐芽大量萌发，抽生黄绿细小的枝丛；树下萌生小叶丛枝状的根蘖；重病树一般不结果或结果很少，果实小、花脸、果内硬、不能食用。一般从局部枝条先发病，逐渐蔓延，其蔓延速度因品种和管理条件而异，一般枣树发病后小树 1~2 年，大树 5~6 年全树即死亡。

2. 防治方法

目前对枣疯病的防治尚无行之有效的方法，但根据现有的经验，提出以下 4 项措施供参考。

（1）健株育苗。选用无病或抗病苗木和接穗。严禁在枣疯病区刨根蘖苗和采集接穗，以免苗木和接穗带菌进行传播。要培育无病苗。在苗圃中一旦发现病苗，应立即拔掉烧毁。

（2）及时清除病枝、病树和病苗。一旦发现整株的病株，应立即连根刨除，铲除病源，控制蔓延。刨除病树后可在原处补种无病苗，因土壤不能传染枣疯病，新栽植树不会感染，这是防治枣疯病最有效的方法之一。

（3）减少或消灭传毒媒介。有可能的条件下，消除枣园附近的杂草，注意枣园卫生，以减少传毒媒介昆虫的发生及越冬场所。同时结合喷药治虫，切断传播途径。叶蝉在疯病树吸食后到无病树上取食即可传病。枣树发芽后结合防治其他害虫喷杀虫剂可杀死叶蝉。同时枣园不宜间作芝麻，枣园附近不宜栽种松、柏和泡桐，10 月叶蝉向松、柏转移之后至春季叶蝉向枣树转移之前，向松、柏集中喷杀虫剂，以降低虫口基数，减少侵染概率。进行合理的环状剥皮，阻止类菌原体在植物体内的运行。

（4）加强管理，增强树势，提高树体抗病能力。实践证明，荒芜的枣园枣疯病严重，加强枣园综合管理，可有效减轻枣疯病为害。

(三) 枣锈病

枣锈病是枣树叶部主要病害，几乎所有枣产区都有发生，严重时全树叶片及果实大量脱落，树势衰弱，严重降低枣果的产量和品质。

1. 识别与诊断

枣锈病主要为害叶片，发病初期叶背面散生淡绿色小点，后渐变为暗黄褐色不规则突起，即病菌的夏孢子堆，直径 0.5mm 左右，多发生于叶脉两侧、叶片尖端或基部，叶片边缘和侧脉易凝集水滴的部位也见发病，有时夏孢子堆密集在叶脉两侧连成条状。后期，叶面与夏孢子堆相对的位置，出现具不规则边缘的绿色小点，叶面呈花状，后渐变为灰色，失去光泽，枣果近成熟期即大量落叶。枣果未完全长成即失水皱缩或落果，甜味大减，产量大减或绝收，树体衰弱。落叶后于夏孢子堆边缘形成冬孢子堆，冬孢子堆小，黑色，稍突起，但不突破表皮。

2. 防治方法

(1) 枣树越冬休眠期，彻底扫除病落叶，集中深埋或烧毁，消灭越冬菌源，清除初侵染源。

(2) 加强栽培管理。枣园应合理修剪，疏除过密枝条，改善树冠内的通风透光条件；雨季及时排水，防止园内过于潮湿，以增强树势，减少发病。

(3) 应以夏季降雨时间早晚、降雨频率和空气湿度等气候因素决定喷药时期。北方枣区在 6 月底或 7 月初、7 月中旬、7 月底或 8 月上旬各喷一次 1:2:(200~250) 波尔多液，可预防该病发生。如天气干旱，可适当减少喷药次数或不喷；如果雨水较多，应增加喷药次数。还可用其他药剂防治，如25%三唑酮可湿性粉剂1 000～1 500倍液、50%甲基硫菌灵可湿性粉剂1 000倍液、50%代森锰锌可湿性粉剂500倍液、50%多菌灵可湿性粉剂800～1 000倍液。每隔15天喷1次，连喷2次。

（4）发病严重的枣园，可于7月上中旬喷1次1∶（2～3）∶300波尔多液或30%碱式硫酸铜悬浮剂400～500倍液、0.3°Bé石硫合剂或45%石硫合剂结晶300倍液。必要时还可选用三唑酮、丙环唑等高效杀菌剂。

（四）枣轮纹烂果病

枣轮纹烂果病主要为害脆熟期枣果，该病遍及全国各大枣产区。受害部位果肉变褐变软，有酸臭味，重者全果浆烂，最后大量落果。

1. 识别与诊断

枣轮纹烂果病主要为害枣果。果实自白熟后期开始显现病症。最初果面上出现水渍状圆形小点，以后逐渐扩大，颜色转为黄褐色，表面略下陷呈圆形或椭圆形病斑，病部软腐状。后期表皮上长出很多近黑色的针点大小的突起，呈多层同心圆排列。

2. 防治方法

（1）加强综合管理，增强树势，提高抗病力。发病后及时清除病果，深埋，减少菌源。

（2）7月上中旬至8月下旬枣果喷施200倍多量式波尔多液、50%多菌灵可湿性粉剂800倍液或75%百菌清可湿性粉剂800倍液，每15天喷1次。也可喷施50%甲基硫菌灵可湿性粉剂800倍液，每隔10天喷1次，连喷3～4次。

（五）枣缩果病

枣缩果病又名枣铁皮病、枣黑腐病、枣萎蔫病、枣雾蔫病等，俗称"雾抄""雾落头""雾焯头"等。近年来，该病遍及全国各大枣产区，可造成果实提前脱落，降低产量和品质，是枣树上目前最重要的果实病害。

1. 识别与诊断

枣缩果病主要为害枣果。一般在8—9月枣白熟期出现病症，发病初期，受害果多数先是肩部或少数胴部出现淡黄色斑，边缘较明显，然后逐渐扩大，成为土黄色或土褐色不规则的凹陷病斑，进而病斑处果肉呈土黄色，松软、萎缩，果柄暗黄色，遇雨天、雾天后病果在短时间内大量脱落；未脱落的病果后期病斑处微发黑、皱缩，病组织呈海绵状坏死，味苦、不堪食用。

2. 防治方法

（1）选育和利用抗病品种。

（2）加强枣树管理，增施农家肥料，增强树势，提高枣树自身的抗病能力。

（3）根据当年的气候条件，决定防治适期。一般年份可在7月底或8月初喷洒第一遍药，间隔7~10天后再喷洒1~2次药。药剂有链霉素，土霉素，卡那霉素，琥胶肥酸铜。

二、枣树主要虫害

（一）食芽象甲

食芽象甲，别名枣飞象、太谷月象、枣月象、枣芽象甲、小灰象鼻虫，分布于北方枣产区，是枣树的重要害虫之一。此外，还为害苹果、梨、核桃等树种。

1. 识别与诊断

成虫食芽、叶，常将枣树嫩芽吃光，第2~3批芽才能长出枝叶来，削弱树势，推迟生育，降低产量与品质。幼虫生活于土中，为害植物地下部组织。

2. 防治方法

（1）4月下旬成虫开始出土上树时，用药物喷洒树干及干基部附近的地面,干高1.5m范围内为施药重点,应喷成淋洗状态;也可用其他残效期长的触杀剂高浓度溶液喷洒。或在树干基部60~90cm范围内撒药粉,以干基部为施药重点,毒杀上树成虫效果好且省工,可撒5%倍硫磷粉剂,4%二嗪磷粉剂,2.5%敌百虫粉剂等,每株成树撒150~250g药粉,撒后浅耙一下以免药粉被风吹走。喷药或撒粉之后,最好上树振落一次已上树的成虫,可提高防效减少受害。本项措施做得好,基本可控制此虫为害。

(2) 成虫发生盛期,结合防治1~3龄枣步曲和初龄枣黏虫,树上喷药。常用药剂及浓度为50%辛硫磷乳油2 000倍液,2.5%溴氰菊酯乳油4 000倍液,20%氰戊菊酯乳油4 000倍液,2.5%氯氟氰菊酯乳油5 000倍液。

(3) 春季成虫出土前在树干周围挖深5cm左右的环状浅沟,在沟内株撒5%甲萘威可湿性粉剂50g,毒杀出土成虫。成虫出土前,在树上绑一圈20cm宽的塑料布,中间绑上浸有溴氰菊酯的草绳,将草绳上部的塑料布反卷,或者使用粘虫胶于树干中上部涂一个闭合黏胶环,阻止成虫上树。发芽期每隔10天撒粉1次,连撒3次效果较好。

(4) 早、晚振落捕杀成虫,树下要铺塑料布以便搜集成虫。

(5) 结合枣尺蠖的防治,于树干基部绑塑料薄膜带,下部周围用土压实,干周地面喷洒药液或撒粉,对两种虫态均有效。

(6) 结合防治地下害虫进行药剂处理土壤,毒杀幼虫有一定效果,以秋季进行处理为好,可用5%辛硫磷颗粒剂,4%二嗪磷粉剂等,每亩用药2.0~3.5kg。

(二) 枣尺蠖

枣尺蠖属鳞翅目尺蠖蛾科,又名枣步曲,俗名"顶门吃"。幼虫爬行时,身体呈"弓"字形匍匐前进,故称"弓腰虫""步曲虫"。

1. 识别与诊断

枣尺蠖以幼虫为害幼芽、叶片，到后期转食花蕾，常将叶片吃成大大小小的缺刻，严重发生时可将枣树叶片食光，使枣树大幅度减产或绝产，是我国各枣产区的主要害虫之一。

2. 防治方法

（1）农业防治。在2月下旬至3月上旬前，在树干上缠绕塑料薄膜或纸裙，阻止雌蛾上树交尾和产卵，并于每天早晨或者傍晚逐树捉蛾。由于树干缠裙，雌蛾不能上树，便多集中在裙下的树皮缝内产卵。因此，可定期察看粗树皮，刮除虫卵，或在裙下捆绑两圈草绳诱集雌蛾产卵，每过10天左右换1次草绳，将其烧毁。

（2）药物防治。根据枣尺蠖的特性及为害规律，可分2次用药防治。第1次用药在枣芽长到3cm左右时，喷施50%敌敌畏或75%辛硫磷乳油800~1 000倍液。第2次用药在枣芽长到5~8cm长时，可喷施20%的菊·马乳油4 000倍液等。

（3）生物防治。保护天敌，降低虫口密度。

（三）沙枣木虱

沙枣木虱属于同翅目木虱科。

1. 识别与诊断

成虫、若虫刺吸幼芽、嫩枝和叶的汁液，幼芽被害常枯死，被害叶多向背面卷曲，严重者枝梢死亡，削弱树势，大量落花、落果。

2. 防治方法

（1）冬季清园，秋末早春刮除老树皮，清理残枝、落叶及杂草，集中烧毁或深埋，同时树冠枝芽、地面全面喷布3~5°Bé石硫合剂，消灭越冬成虫。秋季9月下旬在树干上缠草把，诱杀越冬成虫，严冬来临前全园灌水，可大大减少越冬虫口数。

（2）药剂防治。重点抓好越冬成虫出蛰期和第一代若虫孵化盛期喷药。药剂可选用10%吡虫啉可湿性粉剂1 500~2 000倍液，5%啶虫脒可湿性粉剂2 500~3 000倍液或52.25%氯氰·毒死蜱乳油1 500~2 000倍液。以上各种药剂请不要连续使用以免产生抗性。

（3）保护利用天敌。天敌有花蝽、草蛉、瓢虫、寄生蜂等，以寄生蜂控制作用最大，卵自然寄生率达50%以上，应避免在天敌发生盛期施用广谱性杀虫剂。

(四) 枣瘿蚊

枣瘿蚊又名枣蛆、卷叶蛆。分布于河北、陕西、山东、山西、河南等各地枣产区。

1. 识别与诊断

以幼虫吸食枣或酸枣嫩芽和嫩叶的汁液，并刺激叶肉组织，使受害叶向叶面纵卷呈筒状，被害部位由绿变为紫红，质硬发脆，后变黑枯萎。枣苗和幼树枝叶生长期长，受害较重。

2. 防治方法

（1）在老熟幼虫做茧越冬后，翻挖树盘消灭越冬成虫或蛹。

（2）枣芽萌动期，树下地面喷洒25%辛硫磷微胶囊剂200~300倍液，用药后轻耙，毒杀越冬出土幼虫。发芽展叶期，在树上喷洒50%二溴磷乳油600~800倍液，每隔10天1次，连喷2~3次，注意展叶后的用药浓度应降低。还可采用25%灭幼脲悬乳剂1 000~1 500倍液，10%氯氰菊酯乳油2 000~3 000倍液，2.5%溴氰菊酯乳油2 000~4 000倍液，25%噻嗪酮可湿性粉剂1 000~1 500倍液。

参考文献

柴全喜，2011. 梨生产技术［M］. 石家庄：河北科学技术出版社.

蒋锦标，卜庆雁，2011. 果树生产技术（北方本）［M］. 北京：中国农业大学出版社.

李克军，2011. 苹果生产技术［M］. 石家庄：河北科学技术出版社.

王志刚，崔秀峰，高文胜，2018. 水果绿色发展生产技术［M］. 北京：化学工业出版社.

杨建华，2019. 枣树实用丰产栽培技术［M］. 北京：化学工业出版社.

张洪胜，2012. 现代大樱桃栽培［M］. 北京：中国农业出版社.